面向小尺度地质目标的地震拓频方法

刘立彬　周小平　谷玉田　　编著
李凌云　刘培体　吕小伟

中国海洋大学出版社

·青岛·

图书在版编目(CIP)数据

面向小尺度地质目标的地震拓频方法 / 刘立彬等编
著. —青岛 : 中国海洋大学出版社，2021.12
ISBN 978-7-5670-3068-8

Ⅰ.①面… Ⅱ.①刘… Ⅲ.①地震勘探 Ⅳ.
①P631.4

中国版本图书馆 CIP 数据核字(2021)第 268972 号

MIANXIANG XIAOCHIDU DIZHI MUBIAO DE DIZHEN TUOPIN FANGFA

面向小尺度地质目标的地震拓频方法

出版发行	中国海洋大学出版社
社　　址	青岛市香港东路 23 号　　　**邮政编码**　266071
网　　址	http://pub.ouc.edu.cn
出 版 人	刘文菁
责任编辑	邓志科
电　　话	0532-85901040　　　**电子信箱**　dengzhike@sohu.com
印　　制	青岛海蓝印刷有限责任公司
版　　次	2021 年 12 月第 1 版
印　　次	2022 年 12 月第 2 次印刷
成品尺寸	170 mm×230 mm
印　　张	6.625
字　　数	120 千
印　　数	1—1000
定　　价	68.00 元
订购电话	0532-82032573(传真)

发现印装质量问题,请致电 0532-88785354,由印刷厂负责调换。

前　言

　　随着油田勘探开发工作的不断深入，胜利油田已经进入了岩性勘探阶段。面对着复杂的断块、薄互层等小尺度体目标的勘探问题，对地震资料的分辨率提出了更高的要求。胜利油田地层较为复杂，虽然近几年勘探的隐蔽性储层的油气储量显著增长，石油与天然气的储量丰富，但是整体的勘探程度比较低，存在着小尺度地质体识别难度大、有效储层描述困难等问题。小尺度地质体的识别已经成为储层预测中遇到的新的挑战和瓶颈问题。由于地震资料受地震子波频带的限制，其中高低频的缺失使得对于复杂断块以及小尺度地质体的识别能力降低，从而影响了地震资料的分辨率，为后续的面向小尺度地质体目标的储层预测和描述带来了困难。拓频技术是提高地震资料分辨率的重要手段，但是在实际资料处理过程中存在很多问题。首先，拓频的过程中容易引进假的频率成分，造成地震资料的信噪比降低，在解释的过程中造成很大的误区。其次，虽然对地震信号的拓频研究非常多，但主要集中在高频端的拓展，能够拓展低频信号的实用方法较少，需要研究能够拓展高低频信号的方法。最后，针对叠前资料进行拓频处理的研究较少，需要研究能够有效拓展叠前资料的方法。面对这些问题，亟须开展相应的研究工作，满足后续小尺度地质目标处理工作的需要，更好地服务于油田的勘探开发。

　　本书以调研国内外提高分辨率的先进技术，通过建立典型小尺度地质体模型并进行正演模拟，开展影响小尺度地质体分辨率因素的研究为基础，研究稳定化吸收衰减补偿方法及谐波拓频处理方法，并对拓频方法的可靠性和适应性进行分析。本书还依托大王庄、四扣-2017 三维资料开展应用研究工作。

本书形成了 8 项研究成果：① 明确了影响小尺度地质体分辨率的因素；② 创新形成了基于整形规则化算法的稳定化吸收衰减补偿技术；③ 创新形成了基于谐波的叠前叠后地震高低频同时拓展方法；④ 研发了基于谐波的高低频同时拓展方法模块；⑤ 基于谐波的拓频方法在叠后数据的应用；⑥ 基于谐波的拓频方法在叠前道集的探索应用；⑦ "点、线、面、体" 井震标定拓频可靠性分析；⑧ 基于谐波的高低频同时拓展方法模块在胜探平台的集成与应用。其中创新点 2 项：① 创新形成了基于整形规则化算法的稳定化吸收衰减补偿技术，为解决常规反 Q 滤波存在过补偿和补偿不足的问题提供有力方法支撑；② 创新形成了基于谐波的叠前叠后地震高低频同时拓展方法，为今后小尺度地质目标拓频处理提供了借鉴。课题实施之后，面向小尺度地质目标拓频方法在胜利探区得到了很好的推广应用，已经成为胜利探区地震拓频处理的配套技术。

伴随着面向小尺度地质目标拓频技术的广泛推广，研究成果在胜利油田大王庄、四扣-2017 等多块三维得到应用。将拓频技术应用于大王庄地区沙二段薄互层资料，共预测有利面积 8 km²，地质储量 640 万吨；针对沙二段已经部署了 8 口井，大 312、大古斜 262 等 4 口井获得较好油气显示，取得较好效果；大 312、大古 19、大古斜 262、大古斜 677、大 312-2 和大 603 井区 E_3s_2 上报控制含油面积 8.33 km²，上报控制储量 318.61 万吨，2018 年升级探明面积 0.91 km²，储量 55.34 万吨。将拓频技术应用于四扣-2017 地区资料，利用拓频处理成果精细刻画沙三段浊积水道及沙二段滩坝边界，秉着多层兼探、效益勘探的原则，部署了义斜 252 井。义斜 252 井在沙河街组钻遇多套油气显示，扩大义 189 井区沙三段含油气范围，实现了东部老区储量空白带的勘探突破。渤南油田义斜 252 井区 $E_3s_3^2$2-4 控制含油面积 2.29 km²，控制石油地质储量 154.05 万吨，展现了良好的经济效益。

目　录

第一章 绪 论

一、研究的目的和意义

随着油田勘探开发工作的不断深入,胜利油田已进入岩性勘探阶段,面对着复杂断块、薄互层等小尺度体目标勘探问题,对地震分辨率提出了更高的要求。在实际资料中,高低频的缺失给小尺度地质体的识别带来了挑战。

拓频技术是提高地震资料分辨率的重要手段,但是也面临着很多问题。首先,在拓频的过程中容易引入假的频率成分,从而降低地震资料的信噪比,给地质体识别带来了困难。其次,低频的缺失使得在后期的反演等过程中存在着较为严重的问题,且缺少能够准确拓展低频的方法。因此,需要探究拓展高低频的方法,而且保证拓频结果的正确性和资料的信噪比。

拓频技术是根据地震信号已有的频带对高频或者低频信号进行计算,达到提高分辨率的目的。2008 年,Charles I. Puryear 等人把反射系数分解成偶分量和奇分量,发展了谱反演算法反演反射系数。由于奇偶分量对薄层的敏感性不同,可通过改变奇偶分量的权重来提高反演结果的分辨率以及抗噪声能力。2009 年汪小将等人通过希尔伯特黄变换(HHT),统计不同时间以及频率下的能量分布进而求取补偿因子进行拓频。2009 年,Micheal Smith 等人通过连续小波变换进行频率拓宽,该方法不仅能对高频进行拓宽,还能拓宽低频成分。2009 年高怀静等人考虑到地震子波的时变特征,基于变子波模型对地震资料进行分段处理,不仅提高了地震资料分辨率,而且能够保证资料的相对能量。2014 年,尚新民等人结合了 S 变换以及谱模拟方法,实现了谱模拟技术。2015 年周怀来和王元君将广义 S 变换引入到基于时频域的动态反褶积处理中,该方法不

1

需要求取 Q 值,适用于 Q 值不断变化的地层。2015 年,根据压缩感知理论,Zhang 等用已知的频率成分求取低频信息,对低频信息进行拓宽。

胜利油田地层较为复杂,虽然近几年勘探的隐蔽性储层的油气储量显著增长,石油与天然气的储量丰富,但是整体的勘探程度比较低,存在着小尺度地质体识别难度大、有效储层描述困难等问题。小尺度地质体的识别已经成为储层预测中遇到的新挑战和瓶颈问题。

由于地震资料受地震子波频带的限制,其中高低频的缺失使得对于复杂断块以及小尺度地质体的识别能力降低,从而影响了地震资料的分辨率,为后续的面向小尺度地质体目标的储层预测和描述带来了困难。因此针对小尺度地质体,开展高分辨率处理研究一直是热点,这对于后续利用地震资料进行高精度的储层预测和描述具有十分重要的作用,也十分必要。

拓频技术是提高地震资料分辨率的重要手段,提高现有的地震资料分辨率的处理方法较多,包括基于褶积模型的反褶积类方法,基于衰减补偿的反 Q 滤波方法,基于反演的反射系数谱反演方法等。但是在实际资料处理的过程中会存在很多问题。首先,拓频过程中容易引进假的频率成分,造成地震资料的信噪比降低,在解释过的过程中造成很大的误区。其次,虽然对地震信号的拓频研究非常多,但主要集中在高频端的拓展,能够拓展低频信号的实用方法较少,需要研究能够拓展高低频信号的方法。最后,针对叠前资料进行拓频处理的研究较少,需要能够有效拓展叠前资料的方法。那么如何更好地开展拓频方法,保持资料信噪比、获取更高的分辨率和保真度,满足小尺度地质目标识别的要求,是当前迫切需要解决的问题。同时还需要通过科研攻关研究针对小尺度地质目标的地震拓频处理技术。通过这些技术的研究,以指导未来针对小尺度地质目标的地震拓频处理技术的进一步推广和应用。

二、国内外研究现状

目前,反 Q 滤波是补偿大地吸收衰减的一种有效方法,可以补偿地震波的振幅衰减和频率损失,还可以改善地震记录的相位特性,从而改善同相轴的连续性,增强弱反射轴的能量,从而提高地震资料的分辨率。

最早开展反 Q 滤波研究工作的是 Dave Hale(1980),他基于 Futterman

(1962)的地震波衰减模型,将反 Q 滤波补偿后的地震记录表示成各个采样点的加权求和,由于每个采样点的加权值与品质因子 Q 以及传播时间有一定的关系。当 Q 已知时,即可以得到反 Q 滤波的结果。但是这种方法在求取加权值时,需要建立与采样点数 n 相匹配的 $n \times n$ 维矩阵,因此这种方法的运算量大,很难用于生产。S. H. Bickel 等基于 Stricken(1967)数学模型,利用褶积理论,进行反 Q 滤波,该方法的补偿结果优于最小相位反褶积。但是,该方法是基于积分实现的反 Q 滤波,运算量较大。1991 年,Hargreaves 提出了类 Stolt 偏移的相位校正方法,可以补偿地震波相位畸变。该方法将地震信号进行 FT 变换,对得到的频谱进行波场延拓,再进行反 FT 变换,即得到了反 Q 滤波的结果。在 FT 变换的过程中,可用 FFT 替换 FT 来提高计算效率。1992 年,赵建勋、倪克森基于串联偏移的思路,将常 Q 层算法推广到变 Q 层算法,提出了一种串联反 Q 滤波算法,并将该方法应用到实际的地震资料中,取得了良好的补偿效果。1994 年,裴江云、何樵登基于 Kjartansson(1979)提出的数学模型,将有衰减的震源响应进行级数展开,推导出一阶、二阶近似反 Q 滤波算法,给出了可用于低信噪比资料的最佳意义下的反 Q 滤波。2002 年,Yanghua Wang 对 Hargreaves 方法进行了改进,提出了基于波场延拓的快速反 Q 滤波算法,对振幅以及相位同时进行补偿,通过分层延拓的算法提高计算效率。但是通常对振幅的补偿是不稳定的。2006 年,Yanghua Wang 通过引入稳定因子改进了他的算法,并将这种稳定算法推广到了 Q 随时间或者深度连续变换的情况,通过增益控制稳定因子同时达到了保证资料信噪比的效果。2003 年,姚振兴等人基于非弹性介质传播理论,将时间域的反 Q 滤波转变为深度域的反 Q 滤波,提出了一种用于深度域地震剖面振幅与相位补偿的反 Q 滤波算法。该方法不仅可以提高地震资料的信噪比以及分辨率,同时可以保留原始地震资料的整体能量分布情况。2005 年,刘财等人基于非均匀粘弹性介质的变系数 Stokes 方程,重新建立了品质因子 Q 值与吸收系数的关系,并基于这一个关系,提出了一种频域吸收衰减方法。同年,Ralf Ferber 等人提出了滤波器组法,该方法具有较广的适用范围,可适用于 Q 随时间的变化情况。2008 年,王珺建立了 Q 模型方程,并利用该方程进行了反 Q 滤波。2009 年,严红勇对 Yanghua Wang 的稳定反 Q 滤波进行改进,提出了适合叠前地震数据处理的沿射线路径的反 Q 滤波算法。2011 年,Shoudong Wang 以 Futterman 模型为基础,提出了一种基于反演的衰减补偿方法。该方法将衰减补偿问题简化为 Freholm 积分方程的反演问题,采用 Tikhonov 正则化作为约束条件,保证了反演的稳定性。模型试验和实际资料补偿结果证明该方法有效性和稳定性。2015 年,李国发等人提出来两步法反 Q 滤波,分别从偏移距以及时间两个分量进行补偿。

目前反 Q 滤波发展方向主要是使计算稳定,在提高分辨率的同时保持地震信号的信噪比。此外,还要改变计算方法,提高计算效率。

基于时频谱的频率恢复技术在时间-频率(尺度)域进行高频和低频信息的恢复处理,达到压缩子波、拓宽频宽的效果。2009 年汪小将等人将希尔伯特-黄变换(HHT)引入到地震资料处理中,通过统计不同时间、不同频率的能量分布,求取时频域的补偿因子,在保持地震资料相对振幅的同时,提高了分辨率。2009 年高怀静等人考虑到地震子波的时变特征,基于变子波模型对地震资料进行分段处理,在提高分辨率的同时较好地保持了地震资料的相对能量。2014 年,尚新民等人将改进 S 变换与谱模拟方法相结合,形成时频域谱模拟方法,并通过降低反射系数非白噪成分对子波振幅谱模拟的影响有效提高分辨率。2015 年周怀来和王元君将广义 S 变换引入到基于时频域的动态反褶积处理中,不用直接求 Q 值,适用于 Q 值变化情况,该方法不仅能提高地震资料分辨率,还能有效补偿深部地层能量。2015 年,张军华根据压缩感知理论,用有限频宽地震资料恢复低频信息,实现低频成分的有效拓宽。

如何拓宽地震频带是目前拓频技术发展的一大难点。此外,在拓频的同时保证信噪比也很重要。

三、主要研究内容

本书以调研国内外提高分辨率的先进技术,通过建立典型小尺度地质体模型并进行正演模拟,开展影响小尺度地质体分辨率因素的研究为基础,研究稳定化吸收衰减补偿方法及谐波拓频处理方法,并对拓频方法的可靠性和适应性进行分析。本书还依托大王庄、四扣-2017 三维资料开展应用研究工作。

本书主要包含以下 3 个部分。

（一）影响小尺度地质体分辨率因素研究

1.典型小尺度地质体粘弹介质模型正演模拟

通过研究区资料建立典型小尺度地质体（断距小于 10 米、薄层厚度 5 米以下）粘弹介质模型，并进行正演模拟，为后续影响小尺度地质体分辨率原因分析和拓频处理研究提供数据基础。

2.影响小尺度地质体分辨率因素

影响地震分辨率因素有很多，除去采集、处理过程的影响，此次研究主要从品质因子、有效频带、信噪比等方面的影响进行分析，为小尺度地质体拓频处理研究提供基础。

3.现有提频方法对小尺度地质体提高分辨能力分析

从有效频带宽度、信噪比、合成记录吻合程度等方面对现有提频方法对小尺度地质体提高分辨能力分析，为针对小尺度地质体的拓频技术研究提供依据。

（二）针对小尺度地质体的拓频技术研究及可靠性、适应性分析

1.稳定化吸收衰减补偿技术研究

反 Q 滤波是常用的大地吸收衰减补偿方法，但常规反 Q 滤波存在强烈的不稳定性和对高频噪声的放大效应，在实际工作中需要进行频率限制或者增益限制，而这两个限制反过来降低了 Q 补偿提高分辨率的能力。通过对反 Q 滤波算法的分析，引入稳定控制条件，使计算过程稳定，补偿地层的吸收衰减影响，在提高地震剖面分辨率的同时保证资料的信噪比。

2.基于谐波的地震数据拓频技术研究

对地震数据进行频谱分析，选定一定的频带范围作为基础频率，通过小波变换可以得到基础频率内各频率的信号，然后以此为基础来预测谐波以及次谐波，最后通过连续小波逆变换重构拓频之后的地震信号。

3.拓频技术可靠性及适应性分析

对稳定化吸收衰减补偿技术和基于谐波的地震数据拓频技术进行可靠性及适应性分析。

（三）目标靶区应用研究

1. 目标靶区地震数据拓频处理

对地震数据进行稳定反 Q 滤波，补偿地层的吸收衰减影响，增强地震的高频端信号，进一步进行谐波拓频处理，同时补偿地震的高、低频信号，对比分析现有提频方法的应用效果，优选合适拓频方法，提高地震剖面的分辨率，同时保证资料的信噪比。

2. 目标靶区目的层储层描述综合研究

在高分辨率地震数据的基础上，开展目标靶区薄互层、小断层、地层尖灭等小地质体的反演、属性分析等综合研究工作，为小地质体的研究工作提供支撑。

四、主要创新成果

（1）形成了基于整形规则化算法的稳定化吸收衰减补偿技术，为解决常规反 Q 滤波存在过补偿和补偿不足的问题提供有力方法支撑。

（2）形成了基于谐波的叠前叠后地震高低频同时拓展方法，为今后小尺度地质目标拓频处理提供了借鉴。课题实施之后，面向小尺度地质目标拓频方法在胜利探区得到了很好的推广应用，已经成为胜利探区地震拓频处理的配套技术。

第二章 影响小尺度地质体分辨率因素研究

近年来，小尺度隐蔽性储层的油气储量显著增长，地质储量丰富，但整体勘探程度较低。针对小尺度地质体分辨率低的问题，开展影响小尺度地质体分辨率因素研究具有十分重要的作用。正演模拟典型小尺度地质体模型，并利用模型进行小尺度地质体分辨率影响因素分析，对提高小尺度地质体的分辨能力具有重要意义。

第一节 典型小尺度地质体模型正演模拟

建立的典型薄互层模型为厚度 5 m 的楔形体尖灭模型（图 2-1），楔形体尖灭模型对应正演模拟记录（图 2-2）。选取不同主频、不同 Q 值、不同信噪比、不同频带带宽等参数进行正演模拟（图 2-3 至图 2-6）。

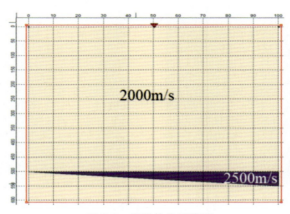

图 2-1 楔形体尖灭模型

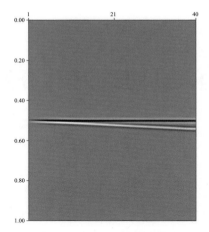

图 2-2　楔形体尖灭模型正演模拟

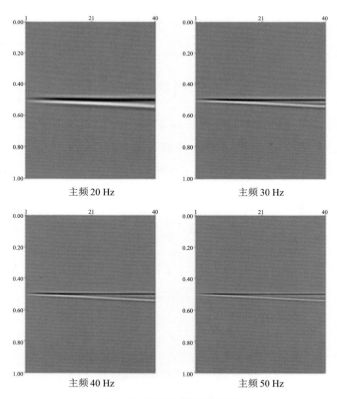

主频 20 Hz

主频 30 Hz

主频 40 Hz

主频 50 Hz

图 2-3　不同主频正演模拟

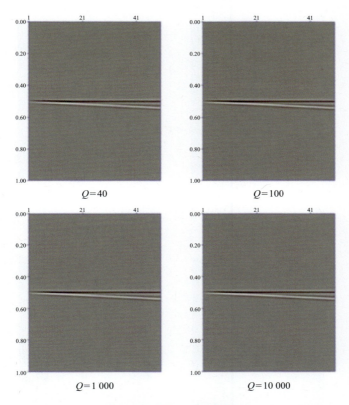

图 2-4　不同 Q 值正演模拟

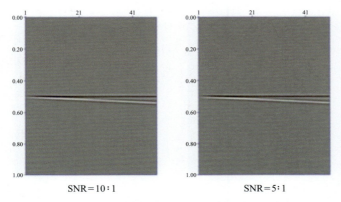

图 2-5　不同信噪比正演模拟

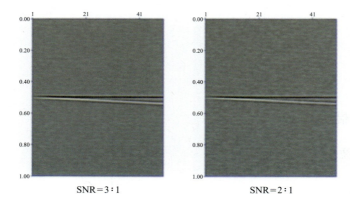

SNR＝3∶1　　　　　　　　　SNR＝2∶1

图 2-5(续)　不同信噪比正演模拟

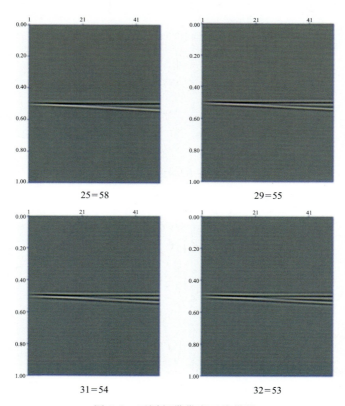

25＝58　　　　　　　　　29＝55

31＝54　　　　　　　　　32＝53

图 2-6　不同频带带宽正演模拟

第二节　影响小尺度地质体分辨率因素分析

对不同参数正演模拟得到的记录进行分析,确定小尺度地质体分辨率主要影响因素所起的作用。小尺度地质体分辨率影响因素主要包括子波主频、地层厚度、Q 值、信噪比、频带带宽、面元大小。

一、子波主频因素分析

纵向分辨率和横向分辨率都与波长有关,因而也与主频有关。波长越短或主频越高,分辨率越高。分辨率与子波的频带宽度和频率成分有如下关系。

(1) 当子波的频带较窄时,相同频带宽度对应的子波分辨率基本相同。分辨率主要取决于频带宽度。频带越宽,对应子波延续度越短,分辨率越高。

(2) 当子波的频带较宽时,分辨率主要取决于上限频率,但也要考虑到低频成分。

(3) 子波的分辨率与其频带宽度成正比,与子波的长度成反比。

(4) 在相同振幅谱的条件下,零相位子波的分辨率最高,说明分辨率与子波的相位有关。

不同主频正演模拟记录见图 2-7。通过正演模拟结果分析可知对于薄互层模型,如果用最大正负振幅对应时间来区分顶底反射界面的反射,那么主频需要约 72 Hz 以上才能实现,分辨小尺度地质体需要主频比较高(图 2-8 和图 2-9)。

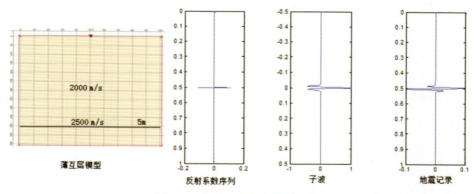

图 2-7　薄互层模型和正演记录

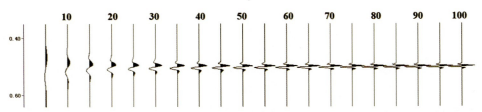

图 2-7(续)　薄互层模型和正演记录

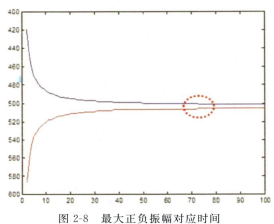

图 2-8　最大正负振幅对应时间

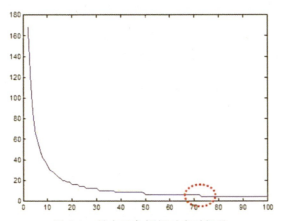

图 2-9　最大正负振幅对应时间差

二、地层厚度因素分析

地震勘探的分辨率包括垂向和横向两方面。垂向分辨率是指地震记录或地震剖面上能分辨的最小地层厚度。相邻两个反射子波的彼此重叠肯定对分辨率有影响。对于地震记录上可以分辨的相邻间距，一些学者提出了不同的评价准则。在此简要介绍 3 类关于分辨率的基本评价准则。

1. 瑞利（Rayleigh）准则

两个子波的旅行时差大于或等于子波的半个视周期，这两个子波是可分辨的，否则是不可分辨的，如图 2-10 所示。这里的半个视周期是指子波主频值与相邻异号次极值的时间间隔。显然，当子波的主极值幅度显著大于次极值幅度时，Rayleigh 准则是比较合理的。

2. 雷克（Ricker）准则

两个子波的旅行时差大于或者等于子波主极值两侧的两个最大陡度点的间距时，这两个子波是可分辨的，否则是不可分辨的。如果用子波的时间导数来表示，则 Ricker 准则是子波导数的两个异号极值点的间距，而 Rayleigh 准则是子波导数的两个过零点的间距（图 2-10）。

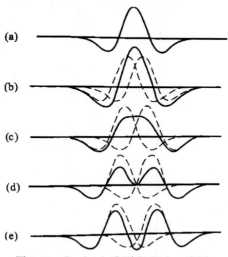

图 2-10　Rayleigh 准则和 Ricker 准则

（a）基本子波；（b）两子波到达时间差较小，不能分辨；（c）时间差达到 Ricker 准则；

（d）时间差达到 Rayleigh 准则；（e）时间差较大，易分辨

3. 怀德斯(Widess)准则

两个极性相反的子波到达时间差小于 1/4 视周期时,合成波形非常接近子波的时间导数,极值位置不能反映层间旅行时差,两个异号极值的间距保持不变,约等于子波的 1/2 视周期(图 2-11)。虽然此时合成波形的旅行时差不能分辨薄层,但是合成波形的幅度与旅行时差近似成正比,可以利用上述条件下的振幅信息解释薄层厚度。这被称为薄层解释原理,即在时间-振幅曲线上,当 $\Delta h <$ $\lambda/4$ 时(λ 为地震波波长),时差关系无法区分薄层顶底,但合成波形的振幅与实际地层的时间厚度 ΔT 近似成正比,确定其线性函数关系并经已知井厚度信息标定,可实现薄层厚度估计。

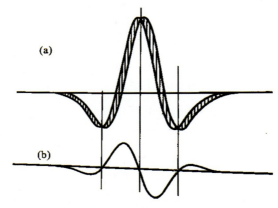

图 2-11　Widess 准则

(a) 两个子波到达时间差小于 1/4 视周期,阴影部分表示两者之差;

(b) 两子波之差形成的合成波形与子波时间导数一致

通过正演模拟结果分析可知地层厚度较小时,顶底反射相互干涉,此时地层厚度与调谐振幅成近似线性关系,其地层厚度可以根据调谐振幅来确定(图 2-12)。识别的地层厚度越薄,需要主频越高(图 2-13)。

三、Q 值因素分析

地震记录的分辨率与反射波的频率有关。地震波在大地传播时,因地层的吸收衰减作用或大地的滤波作用,其能量会衰减,且随着频率的增高而加剧。10 Hz 频率成份衰减量为 5.4 dB,而 120 Hz 频率成份衰减量为 65 dB,相差近

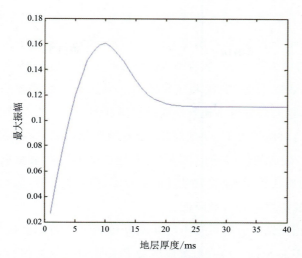

图 2-12　调谐振幅与地层厚度关系

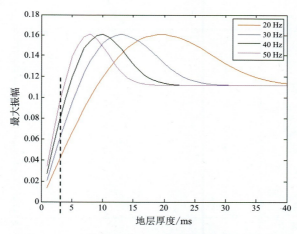

图 2-13　不同主频对应最大振幅与地层厚度关系

60 dB。因此,地震波的频带变窄或频率变低,都会降低分辨率。大地对地震波的吸收作用,其振幅衰减部分可用下式表示,即:

$$A(f,t) = A(f,0)\exp(-\pi f Q^{-1} t) \tag{2-1}$$

设 $S(f)$ 为大地滤波因子,即:

$$S(f) = \exp(-\pi f Q^{-1} t) \quad 或 \quad S(f) = -27.3 - \pi f Q^{-1} t \tag{2-2}$$

式中,$A(f,0)$ 为起始振幅,t 为波旅行时,Q 为大地介质的品质因子。Q 值与岩石的颗粒大小、孔隙度、孔隙流体类型及含量有关。一般疏松干燥介质的 Q 值较小,波传播能量损失大;而致密地层的 Q 值大,传播能量损失小。砂岩的 Q 值为 $10 \sim 50$,泥岩的为 $25 \sim 75$,灰岩的为 $50 \sim 190$。通常情况下,每个旅行波长的衰减可高达 $30\ \mathrm{dB}$。低速、疏松和较厚的地表风化层对地震波的高频成分衰减起着很大作用,这对高分辨率地震勘探是很不利的。

在相同旅行时间情况下,Q 值越小,随着频率的增高,振幅衰减越严重。但对于相同 Q 值,随着旅行时间的增大,高频地震波的振幅衰减更严重。由此可知,由于大地的滤波作用,地震波穿过地层越深,高频成分衰减越大,即地震记录的分辨率随勘探深度的加大而降低。

通过正演模拟结果分析可知小尺度体内 Q 值变化对调谐振幅影响不大,即对分辨率影响不大(图 2-14)。上覆地层 Q 值变化对调谐振幅影响较大,即对分辨率影响较大(图 2-15)。

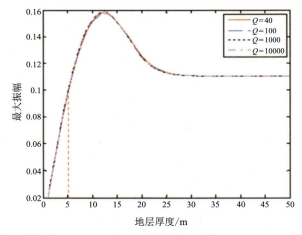

图 2-14　不同 Q 值对应最大振幅与地层厚度关系(考虑小尺度体的 Q 值影响)

四、信噪比因素分析

设地震记录表达式为:

$$x(t) = S(t) + n(t) = b(t) \cdot r(t) + n(t) \tag{2-3}$$

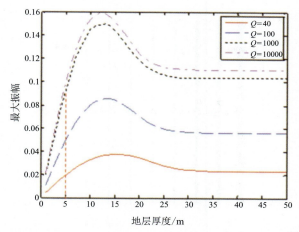

图 2-16 不同 Q 值对应最大振幅与地层厚度关系（考虑上覆地层的 Q 值影响）

式中，$S(t)$ 为有效信号，$b(t)$ 为地震子波，$r(t)$ 为反射系数序列，$n(t)$ 为噪声。相应的频谱为：

$$Z(f) = S(f) + N(f) = B(f)R(f) + N(f) \tag{2-4}$$

当反射系数 $r(t)$ 为白噪声时，其频谱 $R(f) = c$（常数），所以有：

$$S(f) = B(f)R(f) = cB(f) \tag{2-5}$$

实际剖面上，分辨率与信噪比密切相关，噪声对于同相轴的可分辨性影响很大。在信噪比很低的条件下，即使提高反射波的频带宽度和频率成分，其分辨率也很难提高。

通过正演模拟结果（图 2-17 和图 2-18）分析可知，信噪比对分辨率有一定影响（图 2-19），信噪比较低时对分辨率影响较大（图 2-20）。

五、频带带宽因素分析

通过正演模拟结果分析可知，频带带宽与小尺度地质体分辨率成正比关系（图 2-21）。

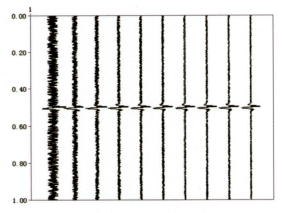

图 2-17　不同信噪比正演模拟记

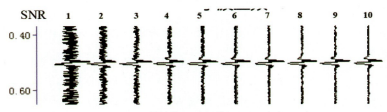

图 2-18　不同信噪比正演模拟记录放大显示

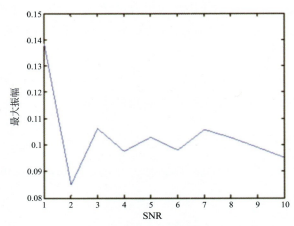

图 2-19　最大振幅与信噪比的对应关系

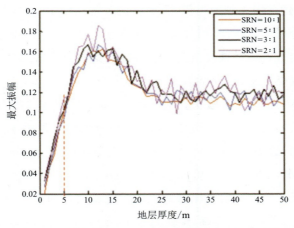

图 2-20　不同信噪比对应最大振幅与地层厚度关系

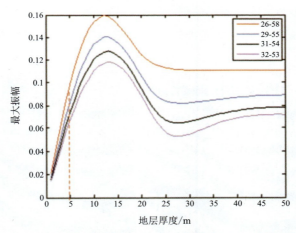

图 2-21　不同频带带宽对应最大振幅与地层厚度关系

六、面元大小因素分析

不同的面元大小对小尺度地质体的刻画能力不同,面元大小对勘探开发面临的"深、隐、低、小"问题的小尺度地质体影响较大。为此,研究面元大小与小尺度地质体分辨率的关系。

纵向分辨率,又称垂向分辨率,指在时间或深度上能分辨多厚的地层。经常叙述成:分辨几米的薄层,分辨几个毫秒的薄层,几秒主频达到多少,等等。理论上,常用 $\lambda/4$ 描述薄层。理论上讲,影响纵向分辨率的主要原因是子波:子波越窄,频带越宽,分辨率越高;零相位子波,分辨率最高。但是实际资料表明,较小横向采样率地震资料相对较大横向采样率地震资料具有较高的纵向分辨率,即减小面元也会提高纵向分辨率。

横向分辨率与面元大小有关。面元越小,分辨地质体的能力越强。但还要考虑由覆盖次数影响的信噪比问题。以小尺度体的断层为例,随着面元的增大,覆盖次数的增加,信噪比提高;针对不同面元大小,面元越小,分辨断层的能力越强,断层更加清晰,断点更加干脆,成像精度更高,信息更加丰富。但还要考虑小面元覆盖次数低所导致的信噪比低的问题。随着面元的逐渐变小,断层的刻画更加精细,断点的位置更加准确,但面元过小,由于覆盖次数过低,信噪比明显太低,不利于构造的精细解释。

面元的大小会影响到断层的刻画能力(图 2-22)。结果表明:面元越小,分辨断层的能力越强,断点的位置越准确,小面元横向偏移归位精度更高。

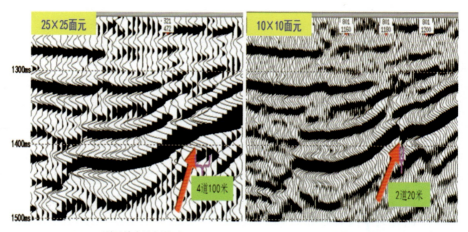

25×25面元放大比例显示　　　　　10×10面元放大比例显示

图 2-22　不同面元相同覆盖次数偏移成像对比

地震识别地质体的能力与地震资料的纵横向分辨率息息相关。因此在面元大小与地震分辨率研究的基础上,对不同面元偏移成果作相干体分析和三维地震属性分析等方面的研究(图 2-23 和图 2-24)。在以上研究的基础上总结出了面元大小与地质体刻画能力的关系,通过地质目标识别能力的定量和定性研究,指导面向小尺度地质目标的采集设计。

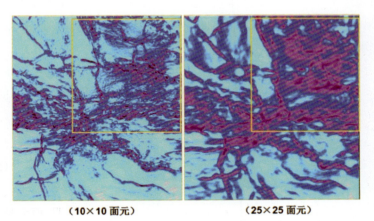

（10×10 面元）　　　（25×25 面元）

图 2-23　面元 10×10 和 25×25 相干体切片放大比例对比显示

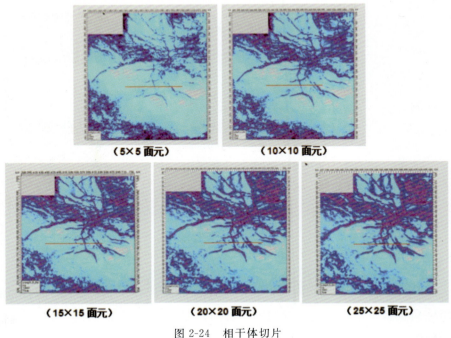

（5×5 面元）　　　　（10×10 面元）

（15×15 面元）　　　（20×20 面元）　　　（25×25 面元）

图 2-24　相干体切片

小面元本身并没有提高纵向分辨率,它提高纵向分辨率的实质是通过面元叠加提高高频端信噪比,进而提高纵向分辨率。也可以说,小面元提高纵向分辨率的实质是水平叠加多次覆盖优势的隐含体现。横向分辨率与面元大小有关,面元越小,分辨小尺度地质体(图 2-25 和图 2-26)的能力越强。但还要考虑由覆盖次数影响的信噪比问题。

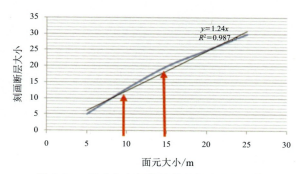

图 2-25　面元大小与断层刻画能力之间关系

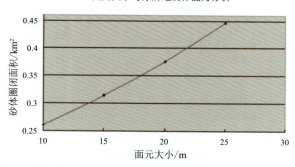

图 2-26　面元大小与砂体识别能力之间关系

第三节　现有提频方法对小尺度地质体提高分辨率能力分析

目前,针对小尺度地质体资料处理,现有提频方法有频率域地表一致性反褶积和反 Q 滤波。下面从现有提频方法的原理和对小尺度地质体提高分辨能力进行分析。

一、频率域地表一致性反褶积方法

频率域地表一致性反褶积方法原理如下。

地震记录褶积模型表示为

$$x(t) = w(t) \cdot e(t) + n(t) \tag{2-6}$$

式中：$x(t)$ 为地震记录；$w(t)$ 为地震子波；$e(t)$ 为反射系数；$n(t)$ 为噪音分量。

根据 TANER 理论，式（2-6）可以进一步分解为地表一致性的形式，进而得到一个地表一致性的褶积模型，即如下公式

$$x_{ij}(t) = s_j(t) \cdot h_{(i+j)/2}(t) \cdot e_{(i+j)/2}(t) \cdot q_i(t) + n(t) \tag{2-7}$$

式中：$x_{ij}(t)$ 为地震记录；$s_j(t)$ 为震源处于 j 位置的波形分量；$q_i(t)$ 为检波器处于 i 位置的波形分量；$h_{(i+j)/2}(t)$ 为与偏移距有关的波形分量；$e_{(i+j)/2}(t)$ 为炮检中点的地层响应。

地表一致性反褶积技术的原理就是依托褶积模型式（2-7）进行的，取式（2-7）的噪音分量 $n(t)$ 为零，然后进行傅里叶变换，就可得到对应的频谱

$$X_{ij}(w) = S_i(w) H_i(w) E_k(w) G_j(w) \tag{2-8}$$

与其对应的振幅谱可表示为

$$A_{ij}(w) = AS_i(w) AH_i(w) AE_k(w) AG_j(w) \tag{2-9}$$

分解出每个频率 w 对应的振幅谱成分，然后合并所有频率 w 的结果，就可以得到相对应的振幅谱成分 $AS_i(w)$、$AH_i(w)$、$AG_j(w)$、$AE_k(w)$。将这 4 个振幅谱成分分别取指数之后再进行傅里叶反变换，就可以得到每一个谱成分相对应的时间函数 $s_i(t) \cdot g_j(t) \cdot h_l(t)$、$h_l(t)$、$g_j(t)$、$e_k(t)$。要求取的地表一致性反褶积因子将为 $s_i(t) \cdot g_j(t) \cdot h_l(t)$ 的最小相位的逆，由此可得到所求反褶积因子。利用该反褶积因子对地震记录进行反褶积运算，地表一致性反褶积即为完成。

频率域地表一致性反褶积方法的实现过程可分为以下 4 个步骤。

第一步是反褶积前实际地震记录的频谱分析。首先对输入地震道划分时窗，然后在每个时窗内采用最大熵谱分析方法，分别以对数方式计算每一个输入地震道的对数功率谱。

第二步是在得到每一个输入地震道对数功率谱的基础之上进行对数功率谱

的分解，以地表一致性方式，将对数功率谱分解为震源、检波点、炮检距中点和偏移距分量。

第三步是地表一致性反褶积的反褶积算子设计，以地表一致性和时变方式设计反褶积算子与每个地震道反褶积。每个反褶积算子的功率谱等于震源、检波点、炮检距中点和偏移距谱分量乘积的倒数。首先对每个地震道在每个时窗中求得的震源、检波点、炮检距中点和偏移距谱分量求和，并转换成自相关序列。然后加噪音 0.01% 到自相关的零延迟值中之后，在每个时窗中设计预测反褶积算子。算子长度和预测步长是地表一致性反褶积方法中的关键处理参数，其中预测步长控制地表一致性反褶积压缩地震子波的程度。

第四步是地表一致性反褶积算子的应用。通过分析计算得到一个反褶积算子，使用这个算子对噪音压制后的单炮资料进行褶积应用，然后分析该反褶积算子的实际应用效果。如果实际应用效果达不到处理要求，可以优化前面的操作步骤，重新确定最佳的反褶积算子；使用最佳反褶积算子与经过真振幅恢复、噪音压制后的地震记录做褶积处理，实现频率域地表一致性反褶积处理，得到频率域地表一致性反褶积处理后的地震数据。

频率域地表一致性反褶积方法在应用中受一些因素及关键处理参数的影响，如噪音压制后的地震资料中残留低频噪音的轻重、关键处理参数中反褶积频谱分析时窗范围、反褶积预测步长的大小、算子长度以及井校正因子的大小等。

图 2-27(a)为原始地震资料完成不同程度的低频噪音压制情况下进行频率域地表一致性反褶积的测试结果。对其进行频谱分析(图 2-27(b))发现，压噪处理后的单炮资料中残留低频噪音越重，地表一致性反褶积处理后地震资料的频带越窄，越不利于分辨率的提高。

频率域地表一致性反褶积方法采用常规的 Robinson 反褶积方法。在反褶积计算中，由于未考虑噪声对反褶积的影响，实际资料中的噪声影响反褶积效果，在提高分辨率的同时容易引入高频噪声降低资料的信噪比(图 2-28)。因此，针对小尺度地质体要研究保持信噪比的拓频方法。

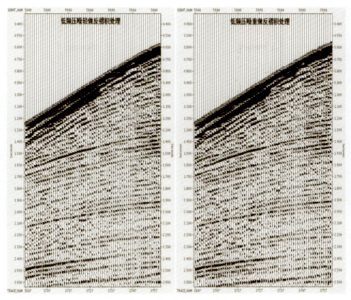

（a）反褶积处理单炮

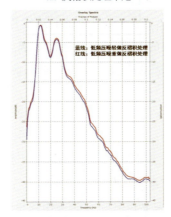

（b）对应频谱（时窗1 900～2 500 ms）

图 2-27　不同程度低频噪音压制后进行频率域地表一致性反褶积处理单炮及其对应频谱

二、反 Q 滤波方法

由于粘性介质的吸收导致地震波的振幅衰减、相位频散，地震剖面上同相轴连续性变差，地震资料分辨率明显降低。为了得到高分辨率的地下反射系数界

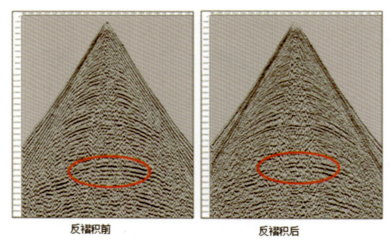

反褶积前　　　　　　　　　　　反褶积后

图 2-28　常规的频率域地表一致性反褶积效果

面,需要对地震波的能量损失进行合理补偿。反 Q 滤波是一种常用的能量补偿方法,其可以对粘性介质吸收后数据进行振幅补偿以及相位校正,可以使地震波能量增强,主频提高,频带拓宽,改善同相轴的连续性,提高地震资料的分辨率。而在反 Q 滤波中,确定合理的 Q 值是此方法的关键。

分析一维地震记录,在固有衰减的均匀介质中垂直向下传播时,平面波可以表达为标量波动方程的解:

$$\frac{1}{v^2}\frac{\partial^2 P}{\partial t^2}=\frac{\partial^2 P}{\partial z^2} \tag{2-10}$$

式中,$P(t,z)$ 为一维地震记录表示的平面波-CMP 叠加道;t 为旅行时;z 为深度;v 为波速,我们假设波速恒定。

为了求解方程(2-10),需要在时间方向上作傅里叶变换:

$$\frac{\omega^2}{v^2}P=\frac{\partial^2 P}{\partial z^2} \tag{2-11}$$

式中,$P(\omega,z)$ 代表波场 $P(t,z)$ 的傅里叶变换,ω 为角频率。出射波的解由下式给出:

$$P(\omega,z)=P(\omega,z=0)\exp\left(-i\frac{\omega}{v}z\right) \tag{2-12}$$

为了把波在衰减介质中传播的振幅延迟包含在内,定义波速为复数变量:

$$v = \alpha + i\beta \tag{2-13}$$

把公式 2-13 代入公式 2-12 得：

$$P(\omega, z) = P(\omega, z = 0)\exp\left(-i\,\frac{\omega}{\alpha + i\beta}z\right) \tag{2-14}$$

分解代数式后，公式 2-14 重写为：

$$P(\omega, z) = P(\omega, z = 0)\exp\left(-i\,\frac{\omega\alpha}{\alpha^2 + \beta^2}z\right)\exp\left(-\frac{\omega\beta}{\alpha^2 + \beta^2}z\right) \tag{2-15}$$

对于大部分岩石，β 比 α 小的假设是成立的。因此，公式 2-15 可以化简为：

$$P(\omega, z) = P(\omega, z = 0)\exp\left(-i\,\frac{\omega}{\alpha}z\right)\exp\left(-\frac{\omega\beta}{\alpha^2}z\right) \tag{2-16}$$

现在，用垂直时间变量 τ 表示深度变量 z，$z = \alpha\tau$，上式变为：

$$P(\omega, \tau) = P(\omega, \tau = 0)\exp(-i\omega\tau)\exp\left(-\omega\,\frac{\beta}{\alpha}\tau\right) \tag{2-17}$$

假设衰减常数 Q 与频率 ω 无关（Kjartansson，1979）：

$$\frac{1}{2Q} = \frac{\beta}{\alpha} \tag{2-18}$$

将其代入公式 2-17 得到：

$$P(\omega, \tau) = P(\omega, \tau = 0)\exp(-i\omega\tau)\exp\left(-\frac{\omega\tau}{2Q}\right) \tag{2-19}$$

从公式 2-19 中可以看到频率越高，衰减越严重。

对无损耗介质，$\beta = 0$，根据公式 2-18 知道 Q 是无穷大。取公式 2-19 的特殊形式：

$$P(\omega, \tau) = P(\omega, \tau = 0)\exp(-i\omega\tau) \tag{2-20}$$

反 Q 滤波的振幅谱为：

$$A(\omega, \tau) = \exp\left(\frac{\omega\tau}{2Q}\right) \tag{2-21}$$

相位谱可取为零，或近似地取为最小相位。在最小相位情况下，可以根据上面振幅谱的 Hilbert 变换计算得到：

$$\phi(\omega, \tau) = H\{A(\omega, \tau)\} \tag{2-22}$$

式中，H 为 Hilbert 变换。

组合振幅谱和相位谱，定义最小相位反 Q 滤波为：

$$W(\omega,\tau) = A(\omega,\tau)\exp\{-i\phi(\omega,\tau)\} \qquad (2\text{-}23)$$

整理得：

$$P(\omega,\tau) = P(\omega,\tau=0)\exp(-i\omega\tau)W(\omega,\tau) \qquad (2\text{-}24)$$

由此可见，反 Q 滤波相当于大地吸收滤波的逆过程，利用反 Q 滤波对吸收衰减的地震记录进行补偿就可以消除大地吸收的影响。目前进行频率补偿主要是利用反 Q 滤波进行的。

典型的反 Q 滤波方法有常 Q 值模型的相位反 Q 滤波、层状常 Q 值模型的相位反 Q 滤波、层状常 Q 值模型的全反 Q 滤波（同时作振幅、相位补偿）、连续变化 Q 值模型的全反 Q 滤波。常用的 Q 值反演方法包括频谱比法、常 Q 扫描法、李氏公式法、质心偏移法及利用 CMP 道集计算品质因子 Q 的方法。这些反 Q 滤波方法都存在过补偿和补偿不足的问题。

反 Q 滤波是补偿地层吸收衰减的手段。但是传统的补偿方法中，振幅补偿因子是随频率的自然指数函数，因此其计算过程是不稳定的。常用的稳定手段是增益控制的稳定因子算法，该算法能够实现计算的稳定，而且能够保证地震资料的信噪比。该方法中补偿频带与最大增益有关，最大增益确定后，补偿频带也就确定。当最大增益值较小时，容易造成补偿不足，甚至造成类似于高频被压制的一种现象；当增益控制值较大时，容易放大高频噪音，造成地震资料信噪比下降。总之，这种方法在一定程度上存在着过补偿以及补偿不足（图 2-29 和图 2-30）的问题，这对实际资料具有不良的影响。

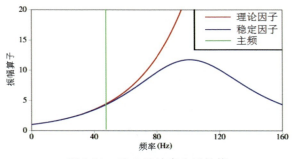

图 2-29　反 Q 滤波存在过补偿

$Q=100 \quad t=1\text{ s}$

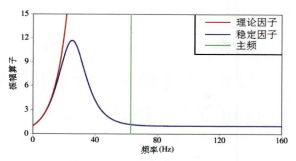

图 2-30　Q 滤波存在补偿不足

$Q = 50 \quad t = 2 \text{ s}$

第三章　针对小尺度地质体的拓频技术
研究及可靠性、适应性分析

针对小尺度地质体存在分辨率低、识别难度大等问题,开展地震拓频技术研究对于后续储层预测和描述具有十分重要的作用。针对小尺度地质体地震拓频技术研究及可靠性、适应性分析主要包含以下三方面的研究内容:稳定化吸收衰减补偿技术研究、基于谐波的地震数据拓频技术研究及拓频技术的可靠性和适应性分析。

第一节　稳定化吸收衰减补偿技术研究

地震波的吸收衰减是指地震波在地下介质传播过程中,地震波振幅衰减与相位畸变,通常用地下介质的品质因子(Q值)来描述,其结果是导致地震数据分辨率和信噪比的降低。因此,在常规的地震数据处理过程中,需要增加反 Q 滤波处理,达到恢复 Q 滤波作用引起的地震数据分辨率降低的目的。反 Q 滤波的作用是补偿振幅衰减、校正相位畸变。常规的反 Q 滤波由于振幅补偿因子随频率成 e 指数放大,其补偿过程会产生严重的数值不稳定,尤其是当数据中含有噪声时,这种不稳定性会更加明显。在基于波场延拓反 Q 滤波方法的基础上,结合整形规则化处理思想,提出了基于整形正则化算法稳定反 Q 滤波方法,解决了常规反 Q 滤波处理中的数值计算稳定化问题。同时,通过不同的增益控制因子来处理不同信噪比数据,来保证信号信噪比水平。合成数据与实际应用结果表明,书中提出的基于整形规则化算法稳定反 Q 滤波方法不仅能够有效地进行稳定化反 Q 滤波处理,还能有效地保持数据的信噪比水平,处理后的地震数据

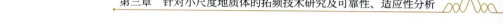

具有更高的分辨率，以便用于高精度的储层描述。

一、基于波场延拓的反 Q 滤波方法

基于波场延拓的反 Q 滤波算法以一维波动方程为基础：

$$\frac{\partial^2 U(x,\omega)}{\partial x^2} + k^2(\omega)U(x,\omega) = 0 \qquad (3\text{-}1)$$

式中，$U(x,\omega)$ 表示角频率为 ω 的地震波在传播距离 x 处的波场，k 为波数。方程（3-1）的解即波场随着传播距离 Δx 的波场，可以表示为：

$$U(\Delta x,\omega) = U(0,\omega)\exp(-ik(\omega)\Delta x) \qquad (3\text{-}2)$$

其中，i 为虚数单位。因此，波场的反向延拓过程可以表示为：

$$U(0,\omega) = U(\Delta x,\omega)\exp(ik(\omega)\Delta x) \qquad (3\text{-}3)$$

地下介质的 Q 值对地震波传播的影响通常以波数 k 来表示：

$$k(\omega) = \left(1 - \frac{i}{2Q}\right)\frac{\omega}{v}\left(\frac{\omega}{\omega_h}\right)^{-\gamma} \qquad (3\text{-}4)$$

式中，Q 和 v 分别代表地下介质的 Q 值大小和当前频率的地震波传播速度。根据 Kjartansson（1979）的推导，$\gamma = (1/\pi)Q^{-1}$，ω_h 为参考频率。如果令

$$\Delta x = \Delta t \times v \qquad (3\text{-}5)$$

则可以将方程（3-2）（3-3）（3-4）综合写出基于波场延拓的反 Q 滤波表达式为：

$$U(t+\Delta t,\omega) = U(t,\omega) \times \exp\left[\left(\frac{\omega}{\omega_h}\right)^{-\gamma}\frac{\omega\Delta t}{2Q}\right] \times \exp\left[i\left(\frac{\omega}{\omega_h}\right)^{-\gamma}\omega\Delta t\right] \quad (3\text{-}6)$$

方程（3-6）中有两个自然 e 指数函数，其中实数因子表示振幅补偿的处理，复数因子的表示相位校正处理。由于振幅补偿因子是一个随频率和时间而增大的实数因子，当乘回到初始地震波场时，会严重放大高频的噪音，造成计算的不稳定。

在实际进行计算的过程中，假设在地表得到的地震信号波场用 $U(0,\omega)$ 表示，利用公式（3-6）从零时刻向上延拓到 t 时刻，得到的当前时刻的地震信号波场 $U(t,\omega)$ 为：

$$U(t,\omega) = U(0,\omega) \times \exp\left[\int_0^t \left(\frac{\omega}{\omega_h}\right)^{-\gamma(t')}\frac{\omega}{2Q(t')}\mathrm{d}t'\right] \times \exp\left[i\int_0^t \left(\frac{\omega}{\omega_h}\right)^{-\gamma(t')}\omega\,\mathrm{d}t'\right]$$

$$(3\text{-}7)$$

这里的 $\gamma(t') = \left(\dfrac{1}{\pi}\right)Q^{-1}(t')$，$Q(t')$ 为时刻 t' 对应的地层的品质因子。

将公式（3-7）应用在频率域的每一个频率样点上，然后将延拓得到的频率域地震信号叠加得到时间域的地震信号：

$$U(t) = \frac{1}{\pi}\int_0^\infty U(0,\omega) \times \exp\left[\int_0^t \left(\frac{\omega}{\omega_h}\right)^{-\gamma(t')} \frac{\omega}{2Q(t')}\mathrm{d}t'\right]$$

$$\times \exp\left[i\int_0^t \left(\frac{\omega}{\omega_h}\right)^{-\gamma(t')}\omega\,\mathrm{d}t'\right]\mathrm{d}\omega \tag{3-8}$$

利用公式（3-8）对时间域信号的每一个时间样点进行处理，得到反 Q 滤波处理后的结果。

在实际计算过程中，第一步要根据地层的 Q 值以及传播时间计算出补偿矩阵，可表示为：

$$A = \begin{bmatrix} a_{1,1} & a_{1,2} & \cdots & a_{1,N} \\ a_{2,1} & a_{2,2} & \cdots & a_{2,N} \\ \vdots & \vdots & \ddots & \vdots \\ a_{M,1} & a_{M,2} & \cdots & a_{M,N} \end{bmatrix} \tag{3-9}$$

这里 N 代表频率域的采样点数，M 代表时间域的采样点数，$a_{i,j}$ 表示在 t_i 时刻频率为 ω_j 波场的补偿系数，表示为：

$$a_{i,j} = \exp\left[\int_0^{t_i}\left(\frac{\omega_j}{\omega_h}\right)^{-\gamma(t')}\frac{\omega_j}{2Q(t')}\mathrm{d}t'\right] \times \exp\left[i\int_0^{t_i}\left(\frac{\omega_j}{\omega_h}\right)^{-\gamma(t')}\omega_j\,\mathrm{d}t'\right] \tag{3-10}$$

最后将补偿矩阵作用于初始地震波场 U_0，

$$u = A \times U_0 \tag{3-11}$$

式中

$$U_0 = \begin{bmatrix} U(t_1,\omega_1) & U(t_1,\omega_1) & \cdots & U(t_1,\omega_N) \end{bmatrix}^T \tag{3-12}$$

二、基于整形规则化算法的稳定反 Q 滤波方法

反 Q 滤波的补偿包括振幅补偿以及相位校正两个部分。由于相位校正是无条件稳定的，因此可以直接进行，其相位校正的过程表示为：

$$U_1(t,\omega) = U_0(0,\omega) \times \exp\left[i\left(\frac{\omega}{\omega_h}\right)^{-\gamma}\omega t\right] \tag{3-13}$$

这里 $U_0(0,\omega)$ 是初始地震波场，$U_1(t,\omega)$ 是经过相位校正后延拓到 t 时刻的地震波场。振幅补偿的过程就可以表示为：

$$U(t,\omega)=U_1(t,\omega)\times\exp\left[\left(\frac{\omega}{\omega_h}\right)^{-\gamma}\frac{\omega t}{2Q}\right] \tag{3-14}$$

为了使计算稳定，将公式（3-14）表示为：

$$U(t,\omega)=\frac{U_1(t,\omega)}{\exp\left[-\left(\frac{\omega}{\omega_h}\right)^{-\gamma}\frac{\omega t}{2Q}\right]} \tag{3-15}$$

当对延拓步长在 t_i 时刻的地震信号进行延拓时，用该时刻每个频率的振幅补偿因子 $\beta(t_i,\omega)$ 构造一个对角矩阵 B_i，

$$B_i=\begin{bmatrix}\beta(t_i,\omega_1)&0&\cdots&0\\0&\beta(t_i,\omega_2)&\cdots&0\\\vdots&\vdots&\ddots&\vdots\\0&0&\cdots&\beta(t_i,\omega_N)\end{bmatrix} \tag{3-16}$$

公式中，$\beta(t_i,\omega_j)$ 代表 t_i 时刻，频率为 ω_j 的振幅补偿因子的倒数，可以表示为：

$$\beta(t_i,\omega_j)=\exp\left[-\int_0^{t_i}\left(\frac{\omega_j}{\omega_h}\right)^{-\gamma(t')}\frac{\omega_j}{2Q(t')}\mathrm{d}t'\right] \tag{3-17}$$

因此，对 t_i 时刻波场的延拓为：

$$U(t_i,\omega)=B_i^{-1}U_1(t_i,\omega) \tag{3-18}$$

在对公式（3-18）进行计算时，基于整形规则化思想（Fomel，2007）引入整形矩阵 S，

$$S=(r^2I+D^TD)^{-1} \tag{3-19}$$

这里，I 表示单位矩阵，D 为有限差分矩阵，其二阶形式为：

$$D=\begin{bmatrix}1&-1&\cdots&0&0\\0&1&\cdots&0&0\\\vdots&\vdots&\ddots&\vdots&\vdots\\0&0&\cdots&1&-1\end{bmatrix} \tag{3-20}$$

引入整形矩阵 S 后，公式（3-20）可以表示成：

$$U(t_i,\omega)=[r^2I+S(B_i-r^2I)]^{-1}SU_1(t_i,\omega) \tag{3-21}$$

公式（3-21）就是经整形矩阵稳定化后的反 Q 滤波计算方程。这里的 r^2 为

增益控制系数，它可以表示为最大增益的函数：

$$r^2 = 31.95 \times \exp(-0.057 G_{\lim}) + 0.28 \times \exp(0.013 G_{\lim}) \qquad (3\text{-}22)$$

$G_{\lim}$ 是用分贝表示的最大增益数值。

通常，在高频部分，数据含噪音比较多，在补偿的过程中应该防止对高频段噪音的过度补偿而降低信噪比，因此引入一个噪音压制窗函数，可以将其表示为：

$$c(\omega_j) = \begin{cases} 1, & \text{for} \quad \omega \leqslant \omega_h \\ \left(1 - \dfrac{1}{10^{\frac{G_{\lim}}{20}}}\right) \exp\left(-\dfrac{(\omega - \omega_h)^2}{2(c \times \omega_h)^2}\right) + \dfrac{1}{10^{\frac{G_{\lim}}{20}}}, & \text{for} \quad \omega > \omega_h \end{cases}$$

$$(3\text{-}23)$$

这里，用系数 c 来控制噪音压制窗函数的宽度，使其接近实际地震数据的频带宽度。通过加入噪音压制窗函数后，不仅能够防止高频段的噪音被放大，而且还使高频信号被保留。

三、基于整形规则化算法的稳定反 Q 滤波效果

通过合成地震记录进行反 Q 滤波处理，同时与常规的反 Q 滤波方法进行对比分析。合成记录表示为：

$$u(t) = \frac{1}{\pi} \int_0^{\infty} S(\omega) \exp[i(\omega t - kr)] \mathrm{d}\omega \qquad (3\text{-}24)$$

这里 $S(\omega)$ 是雷克子波 $s(t)$ 的傅里叶变换，

$$s(t) = \left(1 - \frac{1}{2}\omega_0^2 t^2\right) \exp\left(-\frac{1}{4}\omega_0^2 t^2\right) \qquad (3\text{-}25)$$

根据公式可以得到：

$$kr = \left(1 - \frac{i}{2Q(t)}\right)\left(\frac{\omega}{\omega_0}\right)^{-\gamma(t)} \omega t_r \qquad (3\text{-}26)$$

合成地震记录由不同 Q 值衰减后的雷克子波构成，共模拟了 5 个不同 Q 值的情况，得到了 5 个地震记录。每一道地震记录的反射波时间分别设置在 100，400，…，1 900 ms 时刻，反射波之间的时间间隔为 300 ms。5 道地震记录的 Q 值分别为 400、200、100、50、25。图 3-1(a)所示为合成的衰减地震记录。从图中

可以看出不同的 Q 值对地震波传播时振幅以及相位造成的影响。图 3-1(b)为利用波场延拓的原理直接进行反 Q 滤波得到的结果，常规反 Q 滤波得到的结果产生计算不稳定的，而且这种不稳定性随着时间的延长以及 Q 值的减小变得越来越严重。图 3-1(c)为利用整形规则化算法的稳定化反 Q 滤波处理后结果，在反 Q 滤波处理过程中取最大增益 $G_{\lim}=60$，可以看出计算结果明显稳定，各时刻的地震子波的振幅得到补偿。

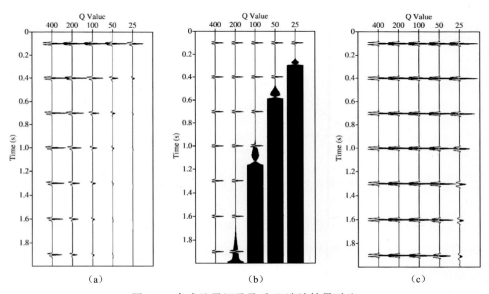

图 3-1　合成地震记录及反 Q 滤波结果对比

(a) Q 值分别为 400、200、100、50、25 的合成地震记录；

(b) 常规反 Q 滤波结果；(c) 整形规则化稳定化反 Q 滤波结果 $G_{\lim}=60, c=1.0$。

　　图 3-2 表示的是该测试过程中，当 Q 值为 100，最大增益 $G_{\lim}$ 取值为 25 dB 时，令 $c=1.0$ 得到的 1 s(左)以及 2 s(右)时刻的振幅补偿曲线。可以看出，引入噪音压制窗后，高频部分的补偿曲线被压制，而且，高频部分的增益控制因子保持在 1，没有压制有效信号。

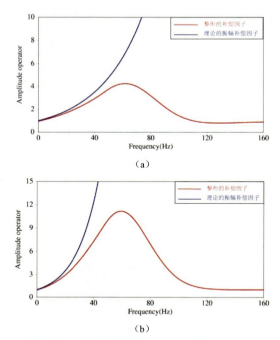

图 3-2　整形规则化处理过程中 $Q=100$,时间分别为(a)1 s 以及(b)2 s 时的振幅补偿曲线

　　对合成的数据加入一定的高斯噪音,取噪音最大振幅是有效信号最大振幅的 2％,3-3(a)显示的是加入噪音之后的数据图,图 3-3(b)和图 3-3(c)为分别用增益控制值 G_{lim} 为 25 dB 和用增益控制值 G_{lim} 为 25 dB、噪音压制窗函数 $c=1.0$ 对含噪音数据进行处理的结果。可以看出整形规则化反 Q 滤波方法通过对增益控制因子和噪音压制窗函数共同控制可以有效地控制对数据信噪比的改变。

　　使用该方法处理实际地震数据。图 3-4 为来自实际资料的叠后地震剖面,对叠后地震数据完成了基于整形规则化算法的稳定反 Q 滤波方法处理。在基于整形规则化算法的稳定反 Q 滤波处理过程中,选择最大增益为 40 dB,设置噪音压制窗函数宽度 $c=1.0$。图 3-5 基于整形规则化算法的稳定反 Q 滤波之后的地震数据,经过基于整形规则化算法的稳定反 Q 滤波处理,分辨率明显提高,且处理后的地震剖面信噪比也保持较好。图 3-6 比较反 Q 滤波处理前(红)后(蓝)的振幅谱。可以发现,经过补偿后,有效频带内的中高频振幅得到补偿,非有效频带的高频部分既没有被放大,也没有被压制。表 3-1 是反 Q 滤波处理中

所用的层状 Q 值模型。

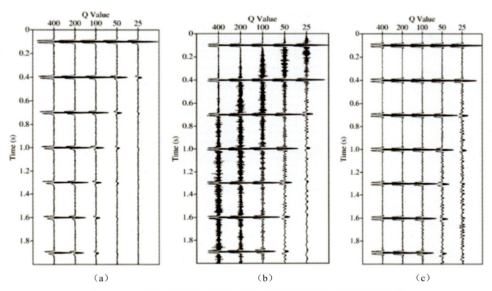

图 3-3 含噪数据以及用不同的增益数对含噪数据处理的结果

（a）含噪声数据；（b）最大增益为 25 dB 时反 Q 滤波处理结果；

（c）最大增益为 25 dB，$c=1.0$ 时整形规则化反 Q 滤波处理结果。

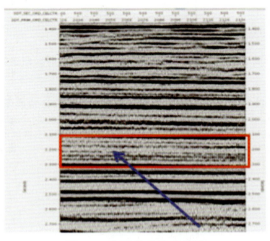

图 3-4 实际叠后地震剖面

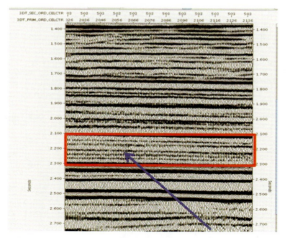

图 3-5　基于整形规则化算法的稳定化反 Q 滤波处理的剖面

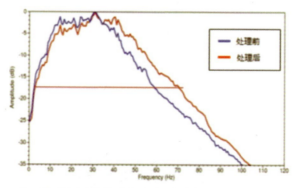

图 3-6　基于整形规则化算法的稳定反 Q 滤波前后振幅谱曲线对比

表 3-1　实际数据反 Q 滤波中所用的层状 Q 值模型

时间间隔（s）	地层吸收因子（Q 值）
0.25～0.4	10.7
0.4～0.7	36.0
0.7～1.0	68.7
1.0～1.3	83.9
1.3～1.6	85.8

时间间隔（s）	地层吸收因子（Q 值）
1.6～1.9	88.5
1.9～2.2	97.7
2.2～2.5	105.1
2.5～3.0	107.8

四、小结

地震波在地层中传播时，会产生振幅衰减以及相位畸变，从而引起地震剖面分辨率降低。反 Q 滤波可以补偿这种振幅衰减以及相位畸变，提高地震剖面分辨率。在波场延拓反 Q 滤波算法的基础上，结合整形规则化处理思想，创新形成了基于整形规则化算法的稳定反 Q 滤波方法，解决了常规反 Q 滤波处理中的数值计算稳定化问题。同时，通过增益控制因子和噪音压制窗函数来控制频带进行补偿。该方法不仅可以稳定化反 Q 滤波处理，还可以有效地压制数据中的噪声。合成数据与实际应用结果表明，形成了基于整形规则化算法的反 Q 滤波方法，通过增益控制因子以及噪音压制窗函数因子来共同控制补偿频带的范围。该方法不仅能够实现反 Q 滤波的计算稳定，而且能有效地保持信噪比，有效地改善过补偿和补偿不足的问题。处理后的地震数据具有更高的分辨率，可用于高精度的储层描述。

第二节 基于谐波的地震数据拓频技术研究

随着油田开发的不断推进，胜利油田已经进入了岩性勘探阶段，面对着复杂的断块、薄互层勘探问题，给地震资料的分辨率提出了更高的要求。胜利油田地层较为复杂，虽然近几年勘探的隐蔽性储层的油气储量显著增长，石油与天然气的储量丰富，但是整体勘探程度比较低，存在着小尺度地质体识别难度大、有效储层描述困难等问题。小尺度地质体的识别已经成为储层预测中遇到的新挑战和瓶颈问题。如图 3-7 所示：单砂层薄（一般小于 10 m）、横向岩性变化快（相位突变、连通性差)。

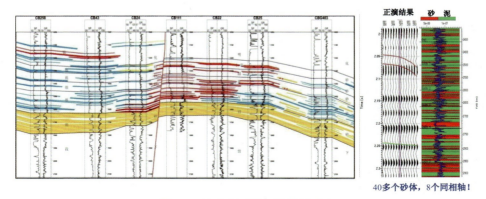

图 3-7 连井剖面及正演结果对比

由于地震资料受地震子波频带的限制,其中高低频的缺失使得对于复杂断块以及小尺度地质体的识别能力降低,从而影响了地震资料的分辨率,为后续的面向小尺度地质体目标的储层预测和描述带来了困难(图 3-8、图 3-9)。因此,针对小尺度地质体,开展高分辨率处理研究一直是热点,这对于后续利用地震资料进行高精度的储层预测和描述具有十分重要的作用,也十分必要。

图 3-8 地震剖面及小层对比

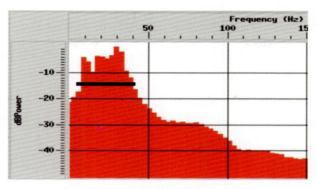

图 3-9　地震数据振幅谱图

拓频技术是提高地震资料分辨率的重要手段，但是在实际的资料处理过程中会存在很多问题。首先，拓频过程中容易引进假的频率成分，造成地震资料的信噪比降低，在解释的过程中造成很大的误区；其次，虽然对地震信号的拓频研究非常多，但主要集中在高频端的拓展，能够拓展低频信号的实用方法较少，需要研究能够拓展高低频信号的方法；最后，针对叠前资料进行拓频处理的研究较少，需要能够有效拓展叠前资料的方法。

一、地震信号谐波理论

信号是由基波和谐波构成的。一个信号可以分解为一个基波以及若干个谐波。谐波的增加可以改变信号的分辨率。

一般而言，具有恒定循环周期的所有波形都可以分解为基波以及一系列的谐波，其中谐波的频率是基波频率的整数倍，倍数就是谐波的次数。通过傅里叶变换就可以将信号分解成一个基波以及一系列的谐波。假设有一信号 $f(t)$，它的傅里叶变换可以表示为：

$$F(\omega) = \int_{-\infty}^{+\infty} f(t) e^{-i\omega t} \, \mathrm{d}t \qquad (3-27)$$

这样，将一时间域信号分接到了频率域，对于任一频率 ω_j 的信号，都可以在频率域求出其振幅 A_j 以及相位 φ_j，

$$A_j = \sqrt{\mathrm{real}^2(F(\omega_j)) + \mathrm{imag}^2(F(\omega_j))} \qquad (3-28)$$

$$\varphi_j = \arctan \frac{\mathrm{imag}(F(\omega_j))}{\mathrm{real}(F(\omega_j))} \tag{3-29}$$

其中，imag 表示频域内数值的虚部，real 表示实部。该频率对应的简谐波就可以表示为

$$s_j(t) = A_j \cos(\omega_j t + \varphi_j) \tag{3-30}$$

公式对应的简谐信号就可以认为是一基波。假设另一频率 ω_k 满足

$$\omega_k = 2\omega_j \tag{3-31}$$

它的简谐信号为：

$$s_k(t) = A_k \cos(\omega_k t + \varphi_k) \tag{3-32}$$

这里的 A_k 和 φ_k 分别是该频率时谐波的振幅谱以及相位谱。因此公式对应的简谐信号就是基波的二次谐波。这样通过傅里叶变换就可以说明信号是由基础信号以及其谐波组成。

通过傅里叶逆变换，我们同样可以证明通过将基波以及谐波累加可以重构回原信号。傅里叶逆变换可以表示为：

$$f(t) = \frac{1}{2\pi} \int_{-\infty}^{+\infty} F(\omega) e^{i\omega t} \, \mathrm{d}\omega \tag{3-33}$$

写成离散形式为：

$$f(t) = \Delta\omega \sum F(\omega_i) e^{i\omega \Delta t} \tag{3-34}$$

其中 $F(\omega_j)$ 为频率是 ω_j 所对应的频率域信号，可以表示为：

$$F(\omega_j) = A_j e^{i\varphi_j} \tag{3-35}$$

其中 A_j 以及 φ_j 分别对应着频率为 ω_j 信号的振幅以及相位，因此，

$$f(t) = \Delta\omega \sum A_j e^{i\varphi_j} e^{i\omega t} \tag{3-36}$$

进一步可以写成：

$$f(t) = \Delta\omega \sum A_j (\cos \varphi_j + i \sin \varphi_j)(\cos \omega t + i \sin \omega t) \tag{3-37}$$

拆开后合并为：

$$f(t) = \Delta\omega \sum A_j (\cos \varphi_j \cos \omega t - \sin \varphi_j \sin \omega t + i \sin \varphi_j \cos \omega t + i \cos \varphi_j \sin \omega t) \tag{3-38}$$

取实部就可以将原信号表示成：

$$f(t) = \Delta\omega \sum A_j \cos(\omega t + \varphi_j) \qquad (3-39)$$

这里的 ω 分别对应着频率域采样点 $\omega_0, \omega_1, \omega_2, \cdots$。公式（3-39）就可以理解成信号 $f(t)$ 是由基波与谐波叠加合成的。

通过一个 Ricker 子波的实例观察。图 3-10 展示的是由一个 Ricker 子波构成的信号。

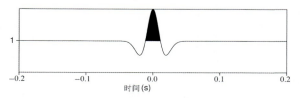

图 3-10 由 Ricker 子波构成的信号

通过傅里叶变换可以将这一个信号分解成一系列的简谐波，如图 3-11 所示。图 3-11 中的横坐标表示谐波次数。谐波次数为 1 时的简谐信号就是基波。

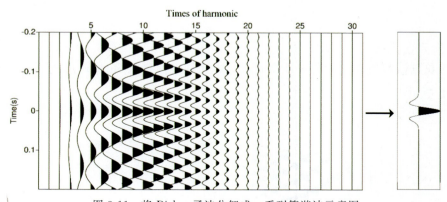

图 3-11 将 Ricker 子波分解成一系列简谐波示意图

在频率域，信号的频率采样间隔为 $\mathrm{d}f = 1/(N \cdot \Delta t)$，那频率 $f_0 = \mathrm{d}f$ 对应的简谐信号就是基波。基波如图 3-12 所示。频率为 $2f_0$ 以及 $3f_0$ 对应的简谐信号分别为二次谐波以及三次谐波。二次谐波以及三次谐波分别如图 3-13、图 3-14 所示。

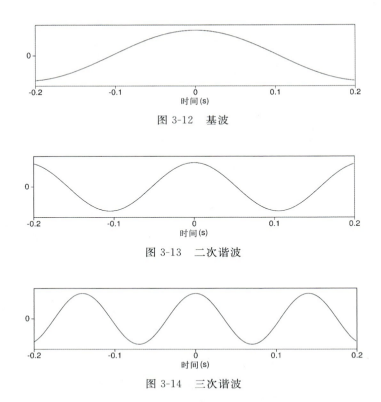

图 3-12　基波

图 3-13　二次谐波

图 3-14　三次谐波

　　将基波与所有的谐波信号叠加到一块就可以得到原 Ricker 子波信号，如图 3-15 所示。

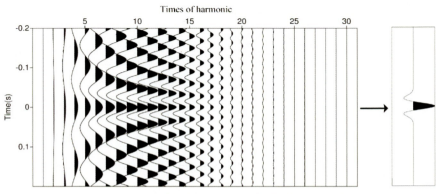

图 3-15　将所有谐波加起来得到原子波示意图

二、谐波与分辨率关系

在原始信号中加入谐波信号可以提高信号的分辨率，如图 3-16 所示。图中蓝色曲线表示原始信号，其频率是 5 Hz。将其三次谐波也就是频率为 15 Hz 的信号加到原始信号中。图 3-16 中绿色曲线是三次谐波信号得到的合成信号，图中红色曲线具有较高的分辨率。

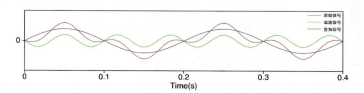

图 3-16　原始信号（蓝色）中加入谐波信号（绿色）得到叠加信号（红色）

对于地震子波，当子波中缺少高频谐波的时候，子波的分辨率将会降低；而在子波中加入高频谐波以后，子波的分辨率会提高。图 3-17 是信号中只有基波以及二次到十五次谐波构成的地震子波。将十六次到三十五次谐波加入到地震

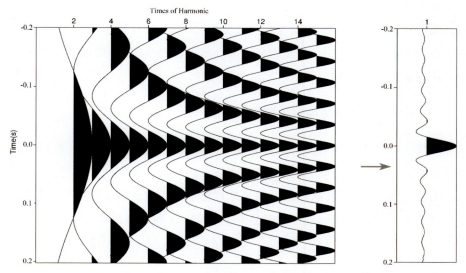

图 3-17　当子波中缺少高频谐波后子波的分辨率较低

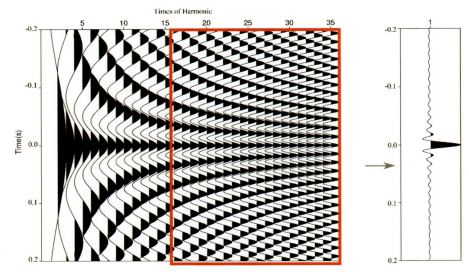

图 3-18　在子波中添加高频谐波后,子波分辨率会提高

子波中可以得到图 3-18 的结果。对比两图可以看出,具有高频谐波的子波有较高的分辨率。因此,向子波中添加高频谐波后,子波的分辨率随之提高。

　　一个普通的信号可以分解成一个基波以及若干谐波的叠加,谐波的频率是基波频率的整数倍,地震子波也具有同样的性质。将基波与谐波累加又可以重构回原信号。当地震子波中缺少高频成分的谐波时,其分辨率也会较低;将高频的谐波加入到地震子波中,子波的分辨率会得到提高。因此,可以通过这样的性质来提高地震资料的分辨率。

三、基于小波变换的地震数据拓频方法

　　连续小波变换提高地震剖面分辨率一直是近年来研究的热点。本部分在分析了连续小波变换的基础上,通过连续小波变换提取出基础频率内的信号,以此作为基波,然后通过基波的振幅谱信号来计算谐波以及次谐波的信号,最后再将谐波以及次谐波信号加回到原始地震信号中,以达到提高地震剖面分辨率的目的。

（一）连续小波变换

1807 年 Fourier 提出了傅里叶变换，它可以提取信号的频谱，利用的是信号全部的时域信息。小波变换，既有频率分析的性质，又能表示出频率发生的时间。假设信号 $f(t) \in L^2(R)$，则它的连续小波变换定义为：

$$W(\tau, s) = \int_{-\infty}^{+\infty} f(t) \frac{1}{\sqrt{s}} \psi^* \left(\frac{t-\tau}{s} \right) dt \tag{3-40}$$

式中，$\psi(t)$ 表示原型或者母小波或基本小波。其他的小波函数是由基本小波经过平移变换得到的。τ 是时间平移参数，s 是尺度伸缩函数，$\psi^*(t)$ 是 $\psi(t)$ 的复共轭。在这里我们选取 Morlet 小波作为基本小波，可以表示为：

$$\psi(t) = e^{-\frac{t^2 f_m^2 \ln 2}{k}} e^{i2\pi f_m t} \tag{3-41}$$

这里，f_m 是峰值频率，k 是控制小波带宽的常数。该变换在频率域内可以表示为：

$$\Psi(f) = \frac{\sqrt{\pi/\ln 2}}{f_m} e^{-k\frac{(f-f_m)}{\ln 2 f_m^2}} \tag{3-42}$$

我们令 $f_m = 20$ Hz，$k = 0.2$，图 3-19 是在 s 取值为 1.0 时的 Morlet 小波图，图中红色曲线代表 Morlet 小波的实数部分，绿色曲线代表 Morlet 小波的虚数部分。图 3-20 是此 Morlet 小波的振幅谱。

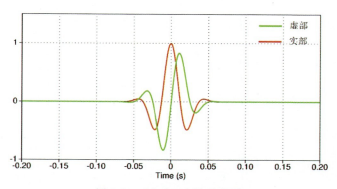

图 3-19　Morlet 小波示意图

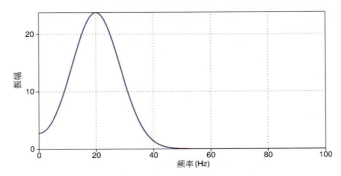

图 3-20 Morlet 小波振幅谱图

通过改变 s 值的大小来观测 Morlet 小波的变化。图 3-21 是 s 值分别为 0.5、1.0、2.0 时的实部曲线。图 3-22 是其对应的振幅谱图。

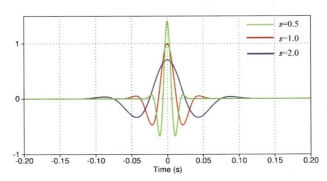

图 3-21 不同的 s 值对应的 Morlet 小波实部示意图

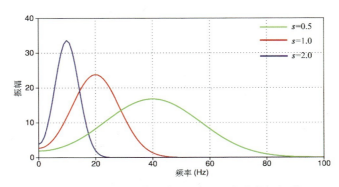

图 3-22 不同的 s 值对应的 Morlet 小波的振幅谱

公式(3-41)中的 k 控制着小波函数的频带宽度。图 3-23 展示的是在 $f_m = 20$ 时，k 分别为 0.2、1.0、2.0 时的振幅谱。在相同的主频情况下，改变 k 的大小可以改变小波函数频域的频带宽度，k 越小频带越宽，k 越大频带越窄，从而能够改变频率域分析的精度。

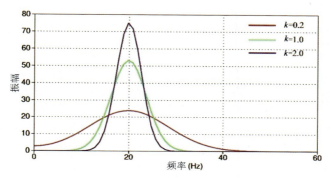

图 3-23　不同的 k 值对应的 Morlet 小波的振幅谱

小波变换，既有频率分析的性质，又有时间分析的特性，它既可以分析信号的频率成分，又能表示出频率发生的时间。假设一个非平稳信号是由两个信号叠加而成，其中

$$s_1(t) = \cos[2\pi \times (\omega_1 t + 30)t] \tag{3-43}$$

$$s_2(t) = \sin[2\pi \times (\omega_2 t^2 + 70)t] \tag{3-44}$$

令 $\omega_1 = 5$、$\omega_2 = 20$，可以得到叠加信号

$$s(t) = s_1(t) + s_2(t) \tag{3-45}$$

图 3-24 展示的是信号 $s_1(t)$、$s_2(t)$ 以及叠加之后的 $s(t)$。对叠加后的信号进行 FFT 变换，可以得到整体信号的振幅谱(图 3-25)，但是却失去了局部的信息。我们通过连续小波变换处理信号，如图 3-26 所示，就可以获得既包含了频率成分，又包含了时间信息的时间-尺度域信号。通过调节 k 的大小，可以调节小波函数的频率域频带宽度，从而调整分析精度。图 3-26 是当 k 取 2.0 时的结果，图 3-27(a)图和(b)图分别是 k 取 5.0 和 10.0 的结果。

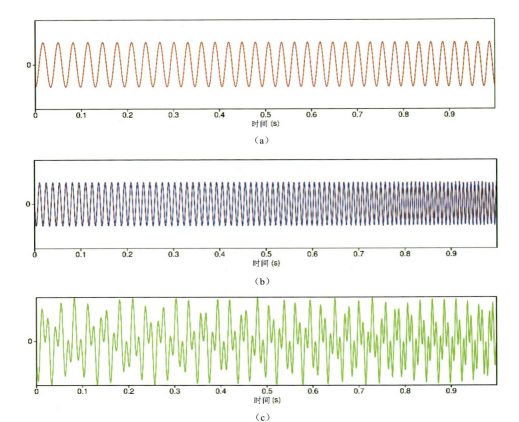

（a）

（b）

（c）

图 3-24　基本信号以及由基本信号叠加得到的信号

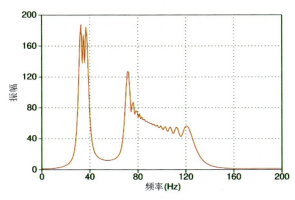

图 3-25　叠加得到的信号的振幅谱

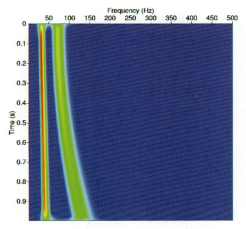

图 3-26　通过连续小波变换得到的时间-尺度域信号

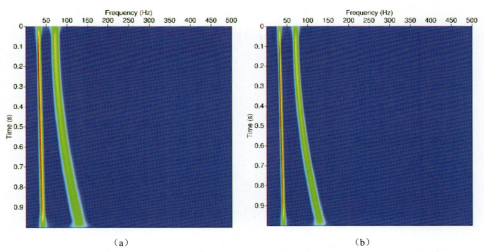

图 3-27　k 值分别为 5.0(a)和 10.0(b)得到的不同分辨率的时间-尺度域信号

（二）连续小波变换与分频

通过连续小波变换可以将时间域的信号变换到时间、尺度域，同时表现信号的频率以及时间特性。通过连续小波逆变换可以将时间-尺度域信号重构回时间域信号。连续小波逆变换可以表示为：

$$\widetilde{f}(t) = \frac{1}{C_\psi} \int_0^\infty \int_{-\infty}^\infty \frac{1}{\sqrt{s}} \widetilde{W}(\tau, s) \psi\left(\frac{t-\tau}{s}\right) \frac{ds\, d\tau}{s^2} \tag{3-46}$$

其中，

$$C_\psi = \int_{-\infty}^{+\infty} \frac{|\psi(\omega)|^2}{\omega} d\omega \tag{3-47}$$

它应该满足容许性条件

$$C_\psi < \infty \tag{3-48}$$

在连续小波变换的过程中，不同的尺度因子对应着不同的频率，因此我们可以通过连续小波变换与逆变换来对地震信号进行分频，来对地震资料进行分频解释。图 3-28 到图 3-31 分别展示了利用小波变换进行地震数据分频分析的结果剖面及其对应的振幅谱曲线。

（三）基于谐波预测的拓频方法

通过连续小波变换可以将信号分解到时间-频率域，连续小波逆变换可以将时间尺度域的信号重构回到时间域信号。我们可以在时间-尺度域对信号频带进行拓宽。

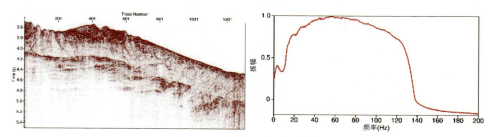

图 3-28　某一宽频信号以及其振幅谱

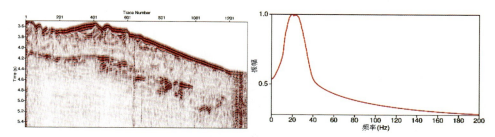

图 3-29　通过小波变换分离得到的 20 Hz 剖面以及其振幅谱

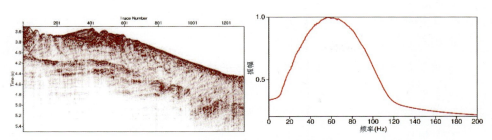

图 3-30 通过小波变换分离得到的 60 Hz 剖面以及其振幅谱

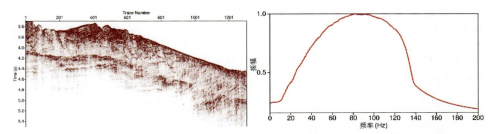

图 3-31 通过小波变换分离得到的 100 Hz 剖面以及其振幅谱

　　拓展频带宽度的过程如图 3-32 所示。对原始信号进行分析，根据信号的频带选择出基准频率，高于基准频率一个倍频程范围内的信号被选为基础频率段。为拓展高频的基础信号，每个倍频程之内选取 10 个尺度，计算每个尺度应对的频率的信号。根据计算出来的分频信号计算谐波信号的振幅谱。将计算得到的谐波信号振幅谱加回到原地震信号的振幅谱就可以得到拓频之后的地震信号。预测低频时的基准频率应该与预测高频时选择的基准频率不一样，低于基准频

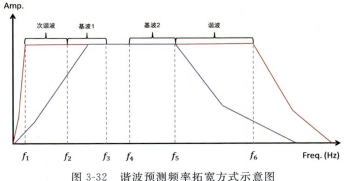

图 3-32 谐波预测频率拓宽方式示意图

率的一个倍频程内作为基础频率段来预测次谐波。谐波是一个基准频率的整数倍，而次谐波是一个基准频率的整数分之一。

下面给出通过谐波预测拓宽信号频带的算法流程：

（1）首先对地震信号进行频谱分析，确定信号主要频带范围；然后确定计算谐波时应选取的基波频率范围，并确定计算次谐波时选取的基波频率范围。

（2）根据公式（3-40）以及公式（3-46）对单道地震信号进行小波分析，计算出基波信号。

（3）通过基波信号的振幅谱来计算谐波信号的振幅谱，其中谐波信号的频率是基波信号的倍数，次谐波是基波信号频率的整数分之一。

（4）将计算得到的谐波信号与次谐波信号加回到原始地震信号的频谱中来达到拓宽频带的目的。期间要对谐波以及次谐波的信号能量进行调节，使计算得到的谐波部分的能量能与原始信号能量均衡。

用这种方法对测试数据进行频率拓宽，测试数据由 3 个层状反射系数构成，使用主频为 20 Hz 的 Ricker 子波合成。图 3-33（a）是反射系数示意图，图 3-33（b）是合成的结果，然后使用谐波预测的方式进行频率拓宽，选用 10～20 Hz 的频带范围为基础频率，然后对低频区域进行拓宽，图 3-33（c）是向低频拓展了三个倍频程的结果，可以看出经过低频拓宽以后，地震子波的旁瓣明显减小。然后选择 20～40 Hz 的频率段为基础频率拓展高频成分，图 3-33（d）是拓展了一个倍频程以后的数据，可以看出地震信号频率明显提高。因此，可以将这种方法用于实际数据，进行频率拓宽。

（四）合成数据测试

在这里，将利用合成数据进行方法的验证与测试。如图 3-34 所示，从左到右分别为反射系数序列和主频分别为 30 Hz、60 Hz、90 Hz、120 Hz 的 Ricker 子波合成的地震记录。从图中可以看到地震子波的主频提高，但其分辨率不一定提高。因此，提高地震记录的分辨率，不仅要提高主频，还需要拓展频带的宽度。图 3-35 展示了 1～250 Hz 范围内的谐波成分全部相加得到的地震记录，不同频率分量的地震信号及频谱图对比结果。

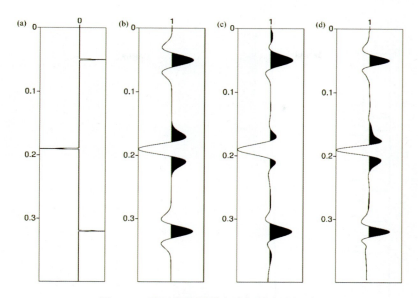

图 3-33　通过谐波预测方式拓展合成记录

（a）代表反射系数序列，通过 Ricker 子波合成记录（b），

拓展 3 个倍频程的低频后得到图（c），拓展一个倍频程的高频后得到图（d）。

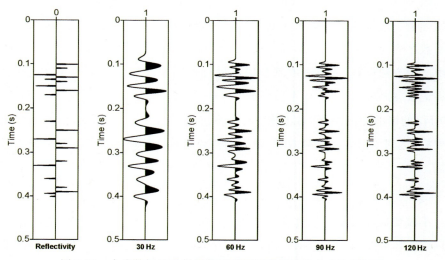

图 3-34　合成数据的反射系数及不同频率子波的合成地震记录

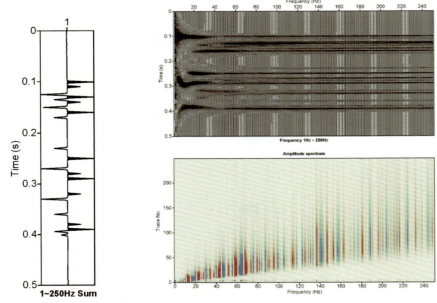

图 3-35　频带宽度为 1～250 Hz 的谐波成分相加得到的地震记录

　　图 3-36 所示为利用合成地震记录进行谐波预测拓频对比结果。图 3-36(a)对比分析了已知的反射系数序列与不同倍频程的谐波成分地震记录,展示了反射系数序列与 30 Hz、60 Hz、90 Hz、120 Hz 的谐波地震道记录。图 3-36(b)为利用文中方法原理,通过选取基频信号进行不同频段的谐波预测后得到的合成地震记录,分别对比了反射系数序列与 10～30 Hz、30～60 Hz、60～90 Hz、5～120 Hz 的谐波预测结果。对比图中可以看出将预测后得到的所有谐波成分进行混叠后,达到了很好的拓频效果,最后的拓频结果很好地展示了反射系数的结构特征。

(五)小结

　　小波变换相对于傅里叶变换具有一定的优势,它不仅可以分析频率特性,还可以确定该频率发生的时间。可以利用小波变换的性质来进行分频解释。通过确定的基础频率来计算谐波与次谐波,将计算得到的谐波与次谐波加回到原始的地震信号频带中来达到拓宽地震信号的目的。这样与地层反射系数相关的谐波与次谐波就被加回到了地震信号中,而与反射系数无关的地震信号不起作用。

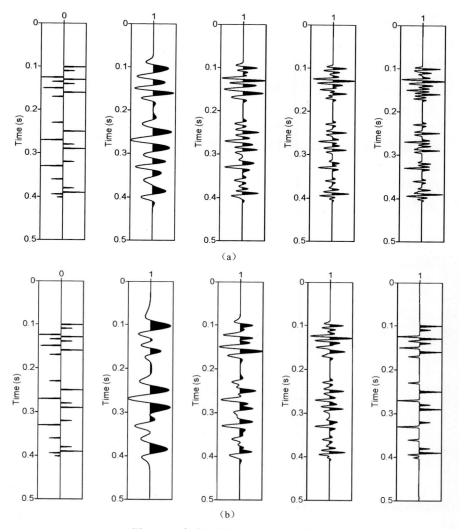

图 3-36　合成地震记录拓频处理对比

（a）分别是反射系数序列、30 Hz、60 Hz、90 Hz、120 Hz 的谐波地震道记录；

（b）反射系数序列与 10～30 Hz，30～60 Hz，60～90 Hz，5～120 Hz 的谐波拓频处理结果。

能够在保证地震信噪比的基础上提高分辨率。这种基于谐波预测的拓频方法既可以通过预测谐波来拓宽高频的成分，又可以通过预测次谐波来拓宽低频成分，对后期的反演等有重要的意义。

基于对地震信号的时频分析方法以及谐振理论的研究结果表明可以利用地震信号中的基波进行地震信号的谐波和次谐波预测,再进行地震信号的混频处理,这样可以很好地达到地震数据拓频和提高分辨率的目的。

由于该方法主要以原始地震数据的基波信号为基础,完全是基于数据驱动的提高分辨率处理技术,完全可以应用到叠前道集数据处理中。

四、基于谐波的高低频同时拓展方法模块

编写代码 10 000 余行(图 3-37 和图 3-38),研发了基于谐波的高低频同时拓展方法模块(图 3-39)。

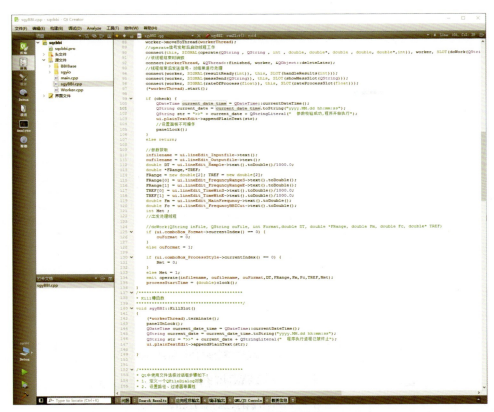

图 3-37　源代码主程序界面

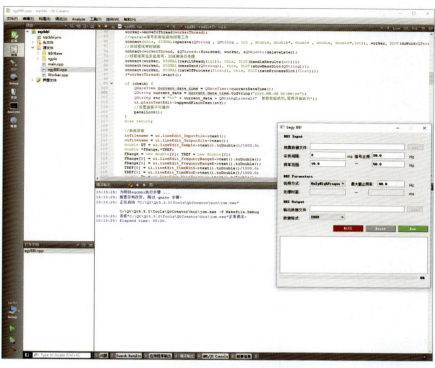

图 3-38　源代码编译及运行

图 3-39　基于谐波的高低频同时拓展方法模块

模块参数说明如下。

所需文件：

（1）需要处理的叠前或叠后地震数据文件，segy 标准格式。

（2）地震数据频谱分析结果，最好有数据振幅谱曲线。

需要填写：

（1）采样间隔：地震数据的采样间隔，单位 ms。

（2）信号主频：从地震数据频谱分析的振幅谱曲线上读取主频。

（3）频率范围：填写地震数据有效频带范围，从振幅谱曲线上读取。

处理参数：

（1）拓频方法。OnlyHighFreq：只拓展高频；BothHighAndLow：高低同时拓展。

（2）最大截止频率。填写需要拓展的高频的截止频率，按主频的 2 个倍频程填写。

（3）处理时窗。填写需要处理的地震数据的时间范围，单位 ms。

输出数据：

（1）输出数据文件：填写处理后数据保存的文件位置及文件名。

（2）数据格式：IEEE 和 IBM 两种格式可选。

参数填写完成后，直接点 Run 进行处理。在处理过程中，也可以点 Kill 停止处理。

模块开发环境如下。

（1）硬件：

品名型号：戴尔工作站 5820。

CPU：Intel(R)Xeon(R)W-2123 CPU@3.60 GHz 3.60 GHz。

内存：32 G。

硬盘：4 T。

显卡：NVIDIA Quadro P4000。

（2）软件：

操作系统：Windows7/10。

支持软件：Visiual Studio 2013　Qt 5.6.2。

（3）网络环境：单机运行，不需要网络环境。

第三节　拓频技术的可靠性和适应性分析

研究的拓频方法在实际资料中明显提高地震资料的分辨率。衡量拓频方法的可靠性主要是利用实际工区内测井数据进行井震标定，分析井震标定是否吻合，井震标定吻合证明拓频方法可靠。

拓频方法应用于大王庄沙二段薄互层资料中。从图 3-40 中看出，提频处理后地震分辨能力得到明显提高，井点处与合成记录对应关系得到明显改善。从图 3-41 中看出，提频处理后反演结果的分辨能力得到明显提高，砂组更易识别。

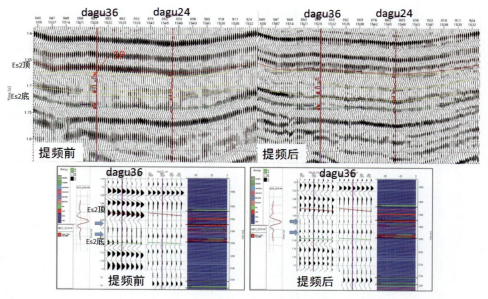

图 3-40　大古 36 和大古 24 连井线提频前后井点处与合成记录的对应关系

从图 3-42 和图 3-43 中看出，提频前沙二段 2 砂组和 4 砂组振幅地震属性表明 dagu36 与 dagu24 井位于不同的砂体上，提频后地震属性表明 dagu36 与 dagu24 井位于同一砂体，提高了地质认识，提频处理后砂体边界刻画更清楚。

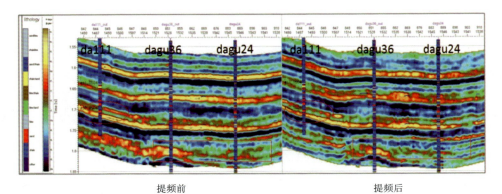

提频前　　　　　　　　　　　　　　　　　　提频后

图 3-41　提频前后波阻抗反演结果对比

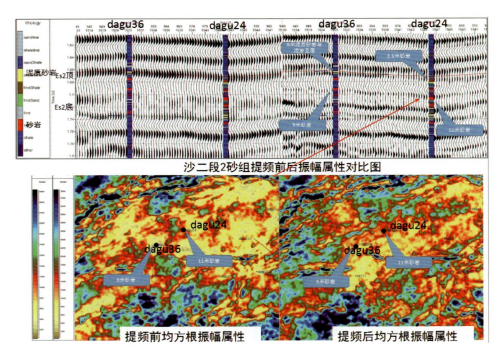

图 3-42　沙二段 2 砂组提频前后均方根振幅属性对比

拓频方法应用于四扣-2017 资料中，图 3-44 和图 3-45 对比拓频处理前后利用四扣工区内的测井数据进行井震标定的结果。其中图 3-44 为拓频处理前的井震标定结果，图 3-45 为拓频处理后的井震标定结果。拓频处理后的井震标定结果表现出更多的薄互层响应特征，同时井上的合成地震记录中也明显反映出薄层特征。

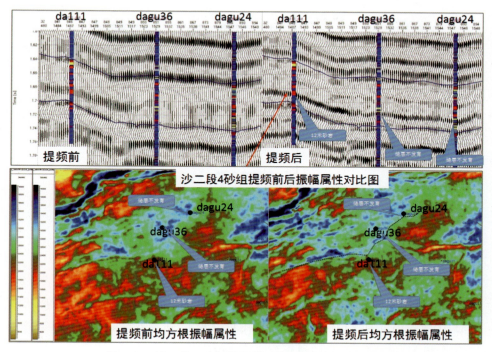

图 3-43　沙二段 4 砂组提频前后均方根振幅属性对比

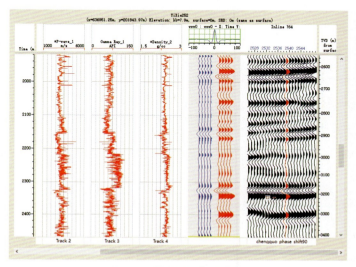

图 3-44　拓频前井震标定结果

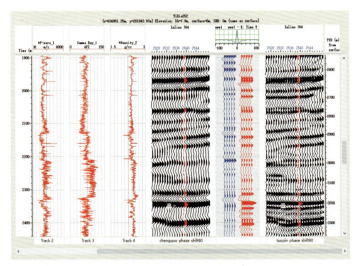

图 3-45　拓频后井震标定结果

　　图 3-46 对比了利用拓频前后的地震数据提取的地震子波。提取的地震子波主要是利用叠后地震资料提取的统计子波,它能反映地震数据中信号的主频特征,子波的相位为零相位子波。对比图可以看出,拓频处理前的地震数据的主频约为 26 Hz,拓频处理后的地震子波的主频达到了 40 Hz。

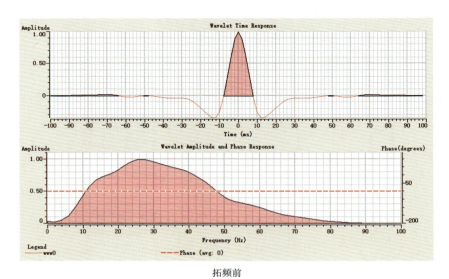

拓频前

图 3-46　拓频前后地震资料子波提取对比

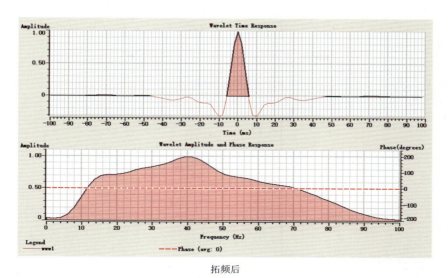

拓频后

图 3-46（续）　拓频前后地震资料子波提取对比

　　通过研究，建立以井震标定为核心的拓频可靠性分析，形成了由点到线到面到体的全方位拓频可靠性监控（图 3-47）。该方法主要是利用实际工区内测井数据进行井震标定，在拓频处理的成果上通过井的井震标定，到每一条线或者连井线的井震标定，再监控整体平面的属性变化，最后到拓频成果的体数据的切片变化情况。

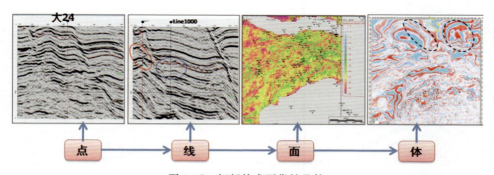

图 3-47　拓频技术可靠性监控

第四章　目标靶区应用研究

第一节　目标靶区拓频处理

一、大王庄地区拓频处理

图 4-1 和图 4-2 对比了数据经过高低频同时拓展处理前后的剖面。图中主要选取了数据中的薄互层段进行对比分析。对比两个处理前后的地震剖面结果，可以明显看到拓频处理后的地震资料薄互层特征表现更清晰，地震子波得到明显的压制，地震资料的分辨率得到明显的提高。同时，对于原始数据中地震复合波特征，在提高分辨率处理后的结果中拓展出薄储层，同相轴更清晰，处理前后资料的信噪比也得到很好的保持。

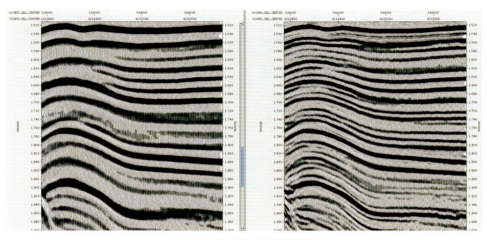

图 4-1　拓频前后剖面对比

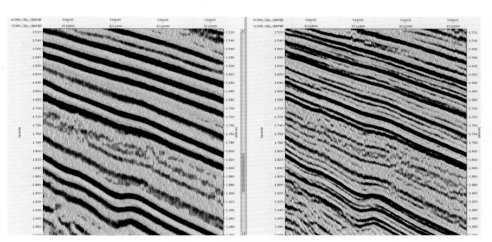

图 4-2 拓频前后剖面对比

　　为了对比拓频处理后的数据对于断层的保护能力,选取了处理数据中断层附近的数据进行对比。图 4-3 和图 4-4 对比地震数据经过高低频同时拓展处理前后剖面,可以明显看到拓频处理后的地震资料断层特征清晰,没有受到拓频处理的影响。

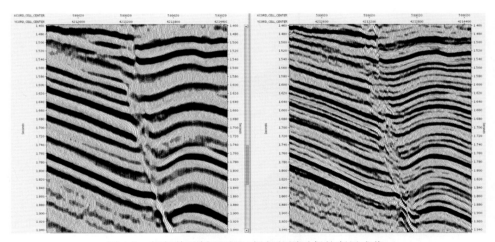

图 4-3 拓频前后剖面对比(提频的同时保护断层成像)

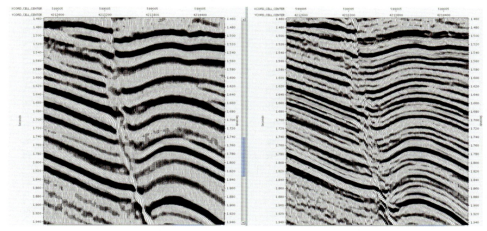

图 4-4　拓频前后剖面对比（提频的同时保护断层成像）

　　图 4-5 对比地震数据高低频处理前后的频谱，从中可以看到拓频处理后数据频带宽度得到拓展，不仅高频端得到扩展，低频端也同时得到了扩展。测试结果表明该方法可以很好地同时进行高低频拓展，有效提高地震数据的分辨率。

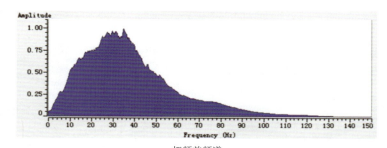

拓频前频谱

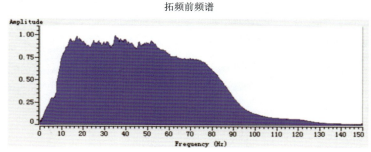

拓频后频谱

图 4-5　高低频同时拓频前后频谱对比

　　图 4-6 和图 4-7 分别是纵线 650 线和横线 1200 线拓频前后的效果图,图 4-8
对比了拓频前后的频谱。从图中可以看出,通过基于谐波的拓频方法处理后,地
震资料的分辨率明显提高,同时地震剖面的信噪比得到保证。通过频谱图可以
看出,地震资料的频带得到了有效的拓宽。图 4-9 对比处理前后的时间切片。
可以看出,通过拓频处理,地震时间切片表现出更多的地质信息。

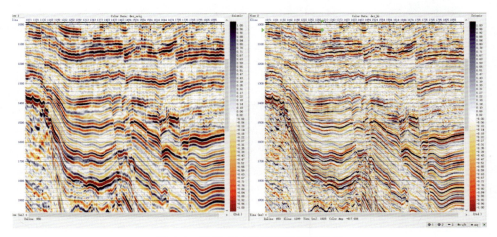

图 4-6　纵线 650 线拓频前后效果图

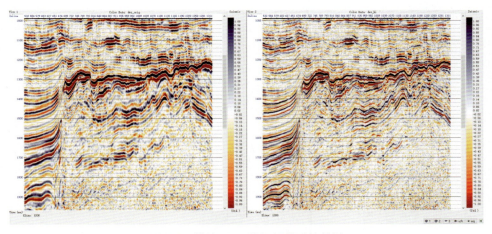

图 4-7　横线 1200 线拓频前后效果图

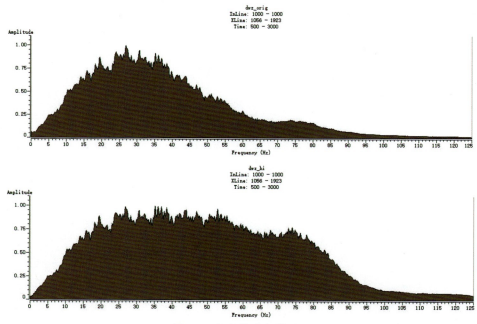

图 4-8　拓频前后频谱对比

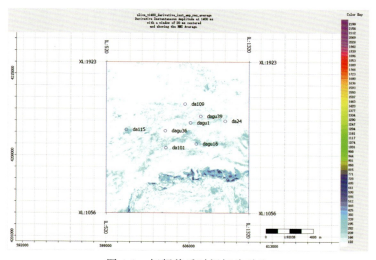

图 4-9　拓频前后时间切片对比

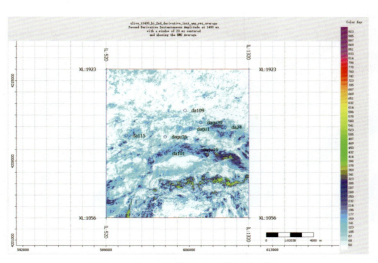

图 4-9（续）　拓频前后时间切片对比

二、四扣地区拓频处理

将本研究的方法应用于大王庄数据的处理，验证了本研究的技术在处理实际数据中具有很好的适用性。实际数据经过利用谐波预测后的频率混叠后，高低频成分信号得到加强，地震数据的分辨率也得到了明显的提高。在本节中，将基于谐波的地震拓频方法应用于胜利油田四扣地区，该地区的薄互层特征明显。

图 4-10 是基于谐波的地震拓频处理方法高频拓展对比图。经过拓频处理后研究目的层的薄互层特征表现突出，分辨率提高，层间的薄层信息在拓频后资料中清晰可见。同时，从振幅谱的对比中也可以看出资料的频带宽度得到明显的拓展，高频拓展了 2 个倍频程。

图 4-11 是基于谐波的地震拓频处理方法高低频同时拓展对比图。经过拓频处理后研究目的层的薄互层特征表现突出，分辨率提高，层间的薄层信息在拓频后资料中清晰可见。同时，从振幅谱的对比中也可以看出资料的频带宽度得到明显的拓展，高频拓展了 2 个倍频程，低频拓展了 2 Hz。

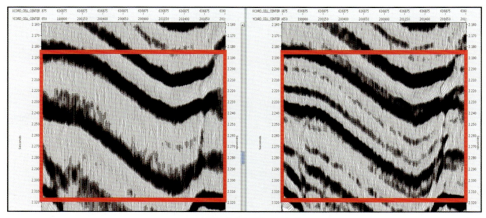

拓频前剖面高频拓展剖面

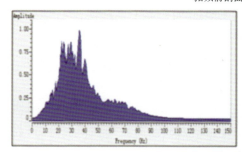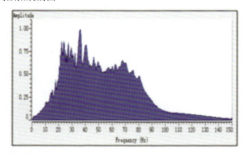

拓频前振幅谱高频拓展振幅谱

图 4-10　四扣地区高频拓展前后剖面和振幅谱对比

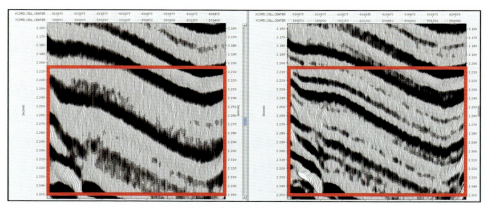

拓频前剖面高低频同时拓展剖面

图 4-11　四扣地区高低频同时拓展前后剖面和振幅谱对比

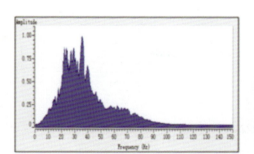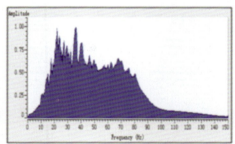

拓频前振幅谱高低频同时拓展振幅谱

图 4-11（续）　四扣地区高低频同时拓展前后剖面和振幅谱对比

三、叠前道集拓频处理

在完成了叠后地震数据的应用基础上，本部分利用本研究所形成的方法技术在叠前道集数据处理中的应用。在道集数据中主要开展了高频拓展和高低频同时拓展的处理。

图 4-12 和图 4-13 展示了两个叠前道集拓频处理的对比结果。图中分别为原始道集数据、高频拓展处理道集结果和高低频同时拓展处理道集结果。拓频处理后，分辨率得到提高，信噪比保持较好。该方法由于主要以原始地震数据的

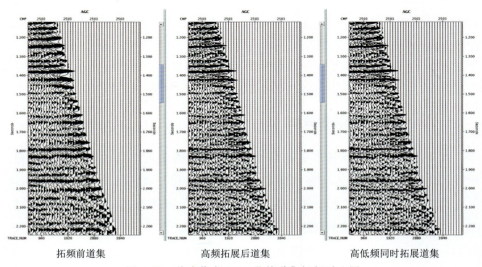

拓频前道集　　　　　　　　　高频拓展后道集　　　　　　　高低频同时拓展道集

图 4-12　共成像点 2503 叠前道集拓频对比图

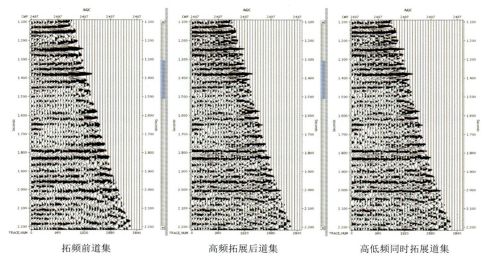

| 拓频前道集 | 高频拓展后道集 | 高低频同时拓展道集 |

图 4-13　共成像点 2497 叠前道集拓频对比图

基波信号为基础,完全基于数据驱动的拓频处理技术,可以应用到叠前道集数据处理中,处理效率高。

　　利用大王庄、四扣地区实际数据进行拓频处理,包括高频拓展和高低频同时拓展,拓频处理结果验证了方法在实际数据处理中的适用性。该方法不仅可以很好地提高地震数据的分辨率,还能很好地保持地震资料的信噪比,在提高分辨率的同时也保护了断层的成像。同时,该方法能很好地应用到叠前道集数据处理中,而且处理效率高。

第二节　目标靶区应用效果

一、大王庄沙二段应用效果

　　大王庄区块位于车镇凹陷南坡中部,是一个轴向近南北的大型鼻状构造。东邻义北斜坡,西连套尔河鼻状构造,北以大一断层与大王北洼陷相接,勘探面积约 120 km²。大王庄地区自 1978 年开始上报探明储量,共发现了 Es1、Es2、Es3、Es4、C、P、O 七套含油气层系,计算并上报了大 19、大 501、大古 67、大古 82、大 117-斜 1、大古 671 共 13 个断块的石油地质储量,探明含油面积 49 km²,探明石油地质储量 2 224 万吨,开发 7 个单元,有油井 104 口,开油井 101 口,平均单井日油能力 2.8 t,综合含水 62.4%,累积采油量 198.1 万吨,主要开发层系为沙二、沙四、中古生界。

沙二段滩坝砂岩油藏是大王庄油田的重要的勘探油藏,探井总井数 104 口,见显示井达 92%,开发井数达 175 口,日油水平 289 t,平均单井日液能力 7.6 t,平均单井日油能力 2.8 t,综合含水 62.4%,探明了大 24、大 101、大 19 等 7 个块沙二段含油气区块,套改后共上报探明含油面积 6.9 km²,探明储量 796 万吨。依据探井显示情况,圈定大王庄地区沙二段油藏分布面积约 66.5 km²,鼻状构造主体钻探程度高,两翼钻探程度低。近期在盆缘带部署完钻的大 312、大斜313 井、大古斜 262 等井获得工业油流。大 312 在沙二段试油日油 6 t,随后在大312 地层剥蚀带部署了多口开发井,均在沙二段见到良好油气显示。大斜 313解释油层 5.1 m/2 层,日油 5 t/d;大古斜 262 沙二段试油日油 8 t。

当前的勘探难点是滩坝砂岩储层变化快,油水关系复杂,滩砂、坝砂识别难。大王庄地区沙二段滩坝砂岩储层描述是该区滩坝砂岩勘探开发的关键。受到地震资料分辨率的影响,地震反射特征识别难度大,地震预测困难。

该地区的在南部盆缘带岩性地层油藏、北部岩性构造油藏还有较大的勘探开发潜力(图 4-14)。

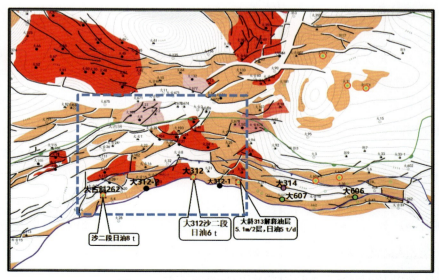

图 4-14 义和庄北坡沙二段综合评价图

该区沙二段以滩坝沉积为主,滩砂连片分布,坝砂离散分布,滩砂厚度0.5~3 m,坝砂厚度大于 4 m,滩坝砂岩储层以薄互层为主,岩性以砂岩、泥岩为主,泥质粉砂岩及灰质砂岩少量发育,岩性组合类型复杂多变,且横向变化非常快;沙二断层储层以薄互层为主,地震识别难度大和储层预测难(图 4-15)。

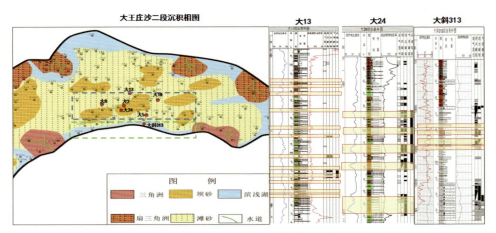

图 4-15　大王庄沙二段沉积相图及测井记录

沙二段勘探开发中的难点:地震分辨率低,垂向上砂组难以识别,横向上储层边界难刻画。地震分辨率较低,储层发育的井区内部也表现空白反射,给砂组的识别、追踪、预测带来困难(图 4-16 和图 4-17)。

过大 8 井资料拓频处理后,带宽由 10~30 Hz 拓宽到 8~60 Hz,主频由20 Hz 提高到 40 Hz(图 4-18 和图 4-19)。

对大 24 井资料拓频处理后,带宽由 10~35 Hz 拓宽到 8~65 Hz,主频由24 Hz 提高到 40 Hz(图 4-20 和图 4-21)。

从过井线拓频后的地震剖面上可以看出,地震拓频后增加的弱反射和实钻井砂组对应关系较好,说明拓频方法的有效性(图 4-22)。

水平切片上同相轴的宽窄主要取决于地层倾角及频率,拓频后的切片上同相轴分辨率较拓频前均有明显的提高,被湮没的弱信号表现了出来,且弱反射振幅能量得到加强(图 4-23)。

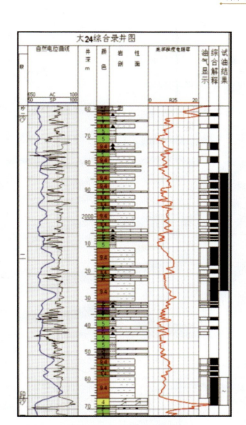

图 4-16　综合录井图

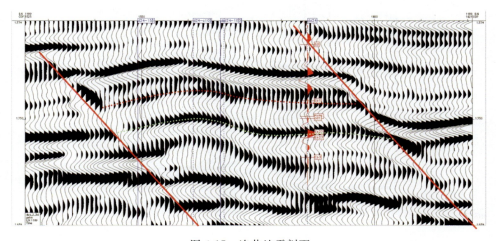

图 4-17　连井地震剖面

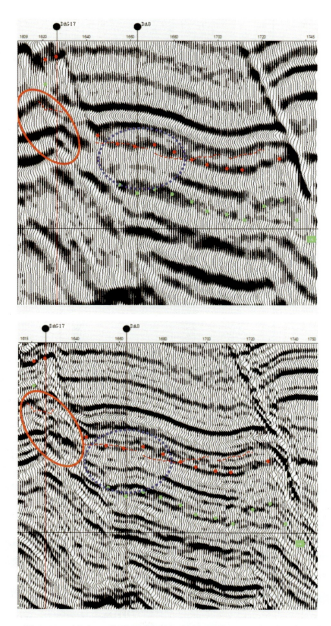

图 4-18　过大 8 井地震剖面拓频处理前（上）后（下）对比

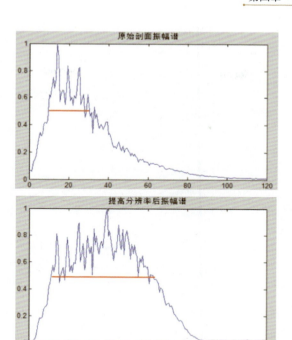

图 4-19　过大 8 井拓频前(上)后(下)频谱对比

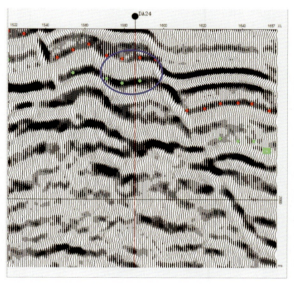

图 4-20　过大 24 井地震剖面拓频处理前(上)后(下)对比

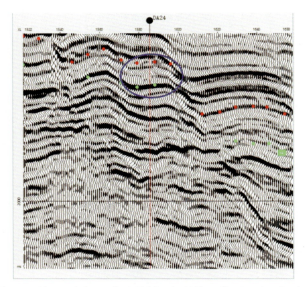

图 4-20（续）　过大 24 井地震剖面拓频处理前（上）后（下）对比

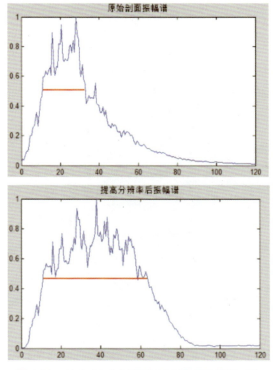

图 4-21　过大 24 井拓频前（上）后（下）频谱对比

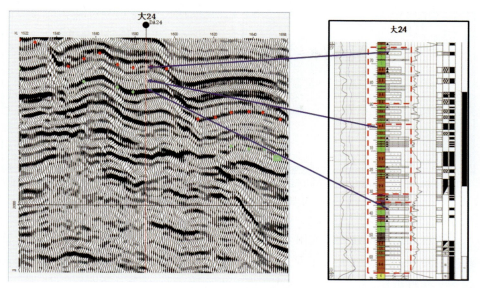

图 4-22　大 24 井拓频后剖面

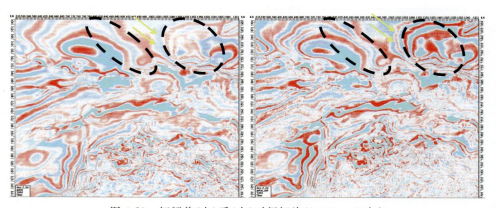

图 4-23　拓频前(左)后(右)时间切片(1 640 ms)对比

从拓频前后平面对比图(图 4-24)可以看出,拓频前瞬时频率主要集中在 30～40 Hz,拓频后瞬时频率集中在 45～55 Hz,拓频后频率在平面上得到了明显的提升。

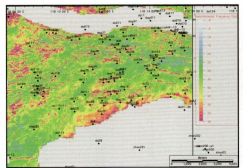

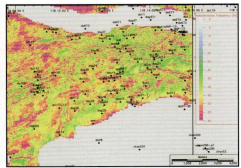

T2下6 ms—T4下10 ms原始地震体瞬时频率属性　　　　T2下6 ms—T4下10 ms拓频后地震体瞬时频率属性

图 4-24　拓频前(左)后(右)平面频率属性对比

通过大王庄拓频处理成果,共预测有利面积 8 km²,地质储量 640 万吨。针对沙二段已经部署了大斜 119、大 116、大 312 等 8 口井,大 312、大斜 313、大古斜 262 获得成功,大古斜 677 见到较好油气显示,取得较好效果(图 4-25)。

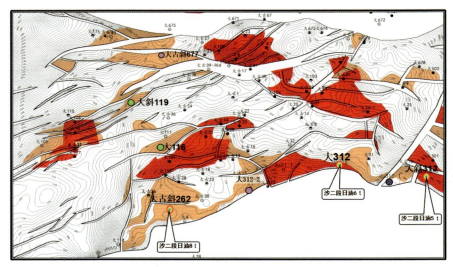

图 4-25　大王庄地区沙二段综合评价图

大 312、大古 19、大古斜 262、大古斜 677、大 312-2 和大 603 井区 E3s2 上报控制含油面积:8.33 km²,上报控制储量 318.61×10⁴ t。2018 年升级探明面积 0.91 km²,储量 55.34 万吨(图 4-26、图 4-27、图 4-28)。

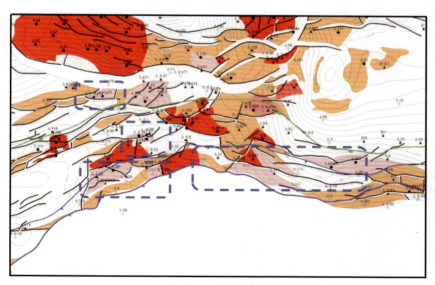

图 4-26 义和庄北坡地区沙二段综合评价图

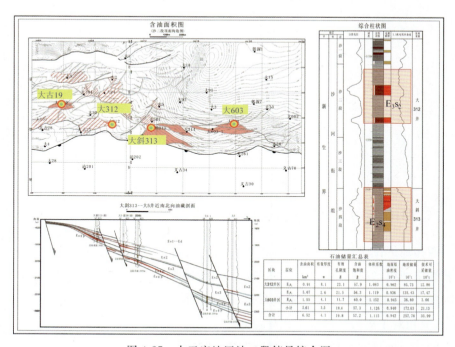

图 4-27 大王庄地区沙二段储量综合图

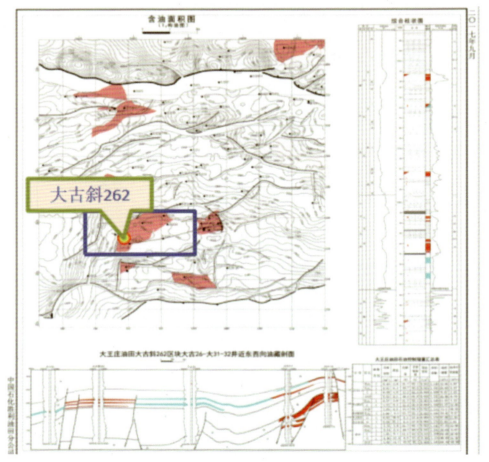

图 4-28　大王庄油田新增控制储量综合图

二、四扣义斜 252 井区应用效果

四扣地区位于沾化凹陷西部及车镇东部,南部为四扣洼陷带。发现义东、义北和渤南油田,发现 5 套含油层系(沙二段、沙三段、沙四段、孔店组、寒武系),在沙二段、沙四上滩坝砂油藏和沙三段砂砾岩体上报探明储量共计 $1\ 111.6 \times 10^4$ t,但相对于周围地区勘探程度较低。

四扣地区具有多层系、多类型油藏发育、油气富集高产,增储规模大,勘探空间大的特点,主要潜力层系为沙四下亚段红层岩性-构造油藏、沙四上亚段滩坝砂岩岩性-构造油藏、沙三段泥页岩裂缝非常规油藏、沙二段滩坝岩性-构造和岩性-地层油藏,北部埕南断层下降盘砂砾岩体油藏和寒武系-太古界潜山内幕油藏,预测剩余有利面积近 95 km²,石油地质储量 5 870×10⁴ t。

四扣地区分布的探明储量主要为东侧渤南洼陷探明区的部分储量,主要集中在沙二段和沙四段的滩坝砂岩和红层。

沙四下亚段红层岩性-构造油藏在罗 68 井区和义 178 井区合计上报控制储量 2 040.05×10⁴ t;沙四上亚段滩坝义 17 块沙四上滩坝探明储量 3 012.14×10⁴ t,罗 17-罗 67 块沙四上滩坝预测储量 1 732×10⁴ t,义 282 块沙四上砂砾岩控制储量 2 706×10⁴ t,义 285 块沙四上砂砾岩预测储量 3 833×10⁴ t;沙三段砂砾岩体埕 918 块上报预测储量 401.62×10⁴ t;沙二段滩坝砂岩,义东 24 块上报探明储量 140×10⁴ t,义深 8 块上报探明储量 113×10⁴ t,义东 341-义 285 块上报控制储量 534.54×10⁴ t。(注:以上储量包括整个沾化西部储量,四扣地区内发现储量规模相对较小)。除沙河街组构造岩性、岩性油藏有较大勘探潜力外,在沙三段泥页岩非常规油藏和埕南断裂带寒武系-太古界内幕潜山油藏同样具有较大的勘探潜力。综合分析认为,该区沉积上具有孤岛凸起、义东凸起和埕东凸起三个物源方向,储层发育种类多、范围广、累积厚度大、发育多套有利储盖组合;四扣洼陷自身生烃潜力大,具有自生自储、近源成藏、成藏类型多样的优势,在沙河街组油气藏勘探仍有较大的空间,在拓频处理的地震资料支持下开展进一步评价工作,提高构造、储层刻画精度,能够进一步挖掘该区勘探潜力。

义斜 252 井区陆续上报了义 73、义更 85、义 25、义 83、义 12-1、义 73-1、义 441-1 探明区块,共计含油面积 10.27 km²,探明石油地质储量 732.47×10⁴ t(图 4-29 和图 4-30)。

渤南洼陷沙三中亚段发育的浊积扇,物源来自孤岛凸起和陈家庄凸起。义斜 252 井区沙三中亚段沉积时期以浊积水道沉积的砂体为主,这些浊积水道呈北西向展布。渤南洼陷沙三段主力储集体为浊积岩储层,已累计探明石油地质储量 1.4 亿吨,主要集中在沙三中上亚段(图 4-31)。

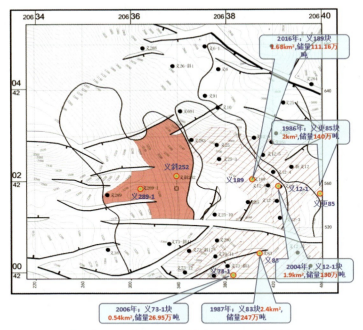

图 4-29　义斜 252 井区 E_3S_{32} 2-4 含油面积图

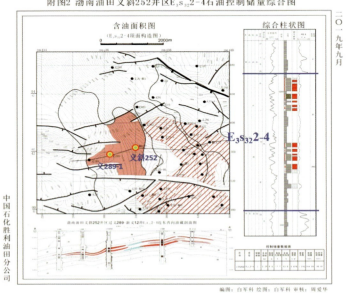

图 4-30　渤南油田义斜 252 井区 E_3S_{32} 2-4 石油控制储量综合图

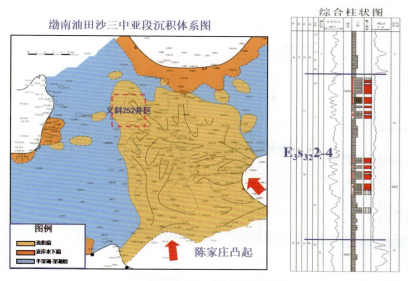

图 4-31   渤南油田沙三中亚段沉积体系图及综合柱状图

本区沙三中发育了多期从东南入湖的水道型浊积扇,东西向上呈现出各砂组均发育水道。各水道相互独立,叠合连片。南北向上这些浊积岩砂体由南向北厚度变小,粒度变细(图 4-32)。

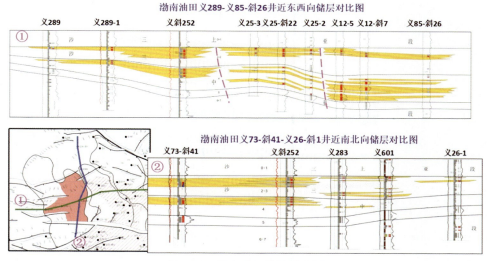

图 4-32   渤南油田储层对比图

沙三段勘探开发中的难点是地震分辨率低,垂向上砂组难以识别,横向上储层边界难刻画。地震分辨率较低,储层发育的井区内部也表现空白反射,给砂组的识别、追踪、预测带来困难(图 4-33)。经拓频处理后,分辨率提高,砂组更能识别和追踪(图 4-34 和图 4-35)。

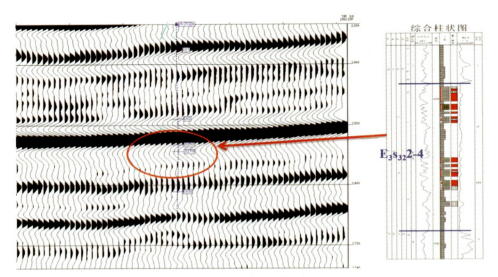

图 4-33　过井地震剖面及综合柱状图

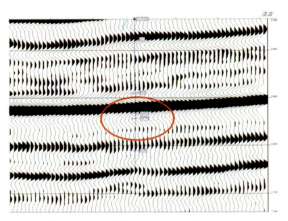

图 4-34　拓频前(上)后(下)剖面对比

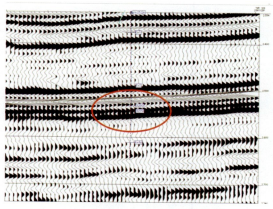

图 4-34（续）　拓频前（上）后（下）剖面对比

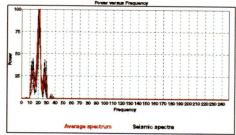 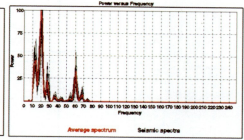

图 4-35　拓频前后频谱对比

　　从拓频前后平面对比图（图 4-36）可以看出，拓频前瞬时频率主要集中在 30～35 Hz，拓频后瞬时频率集中在 45～55 Hz，拓频后频率在平面上得到了明显的提升。

　　通过拓频技术应用于大四扣义 252 井区资料，利用拓频处理成果精细刻画沙三段浊积水道及沙二段滩坝边界，秉着多层兼探、效益勘探的原则，部署了义斜 252 井，义斜 252 井在沙河街组钻遇多套油气显示，扩大义 189 井区沙三段含油气范围，实现了东部老区储量空白带的勘探突破。渤南油田义斜 252 井区 E_3s_{32}2-4 控制含油面积 2.29 km²，控制石油地质储量 154.05 × 10⁴ t（图 4-37）。

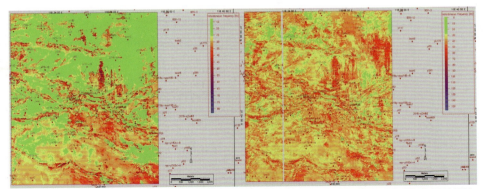

Es3-4层位上50 ms—下10 ms原始地震体瞬时频率属性　　　Es3-4层位上50 ms—下10 ms提频后地震体瞬时频率属性

图 4-36　拓频前后平面属性对比

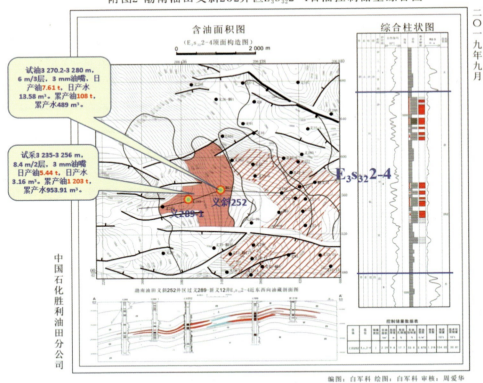

图 4-37　含油面积图及综合柱状图

第三节　拓频技术推广应用前景

在研究期间,本书所述拓频技术在胜利油田大王庄、四扣地区进行了推广应用,取得了良好的实际应用效果。利用大王庄地区拓频处理成果,在大 312、大古斜 262 井区 E_3s_2 上报控制含油面积 8.33 km^2,上报控制储量 318.61 万吨,2018 年升级探明面积 0.91 km^2,储量 55.34 万吨;利用四扣-2017 地区拓频处理成果部署了义斜 252 井,义斜 252 井在沙河街组钻遇多套油气显示,实现了东部老区储量空白带的勘探突破,渤南油田义斜 252 井区 E_3s_{32} 2-4 控制含油面积 2.29 km^2,控制储量 154.05 万吨。

胜利油田近几年小尺度隐蔽性储层的油气储量显著增长,石油与天然气地质储量丰富,但整体勘探程度较低,存在小尺度地质体识别难度大、有效储层描述困难等问题。针对小尺度地质体储层预测中的难点问题,本研究的面向小尺度地质目标的拓频处理方法,可大幅提高小尺度地质体的分辨率和识别能力,为胜利油田小尺度油气藏勘探的突破提供了重要技术支撑保障,应用前景广阔,可取得良好的经济效益和社会效益。

结论与认识

　　本书经过理论研究和技术攻关，在实际处理工作中得到了成功应用，并形成了如下结论和认识：

　　（1）通过小尺度地质体模型的正演模拟，从子波主频、地层厚度、Q 值、信噪比、频带带宽、面元大小等方面研究分析，明确了小尺度地质体分辨率影响因素；总结出了面元大小和小尺度地质目标刻画能力的关系，对面向小尺度地质目标的采集设计具有指导意义；明确了现有提频方法对小尺度地质体提高分辨能力的局限性，有必要针对小尺度地质体拓频，研究保持信噪比的地震高低频同时拓展实用方法。

　　（2）常规反 Q 滤波存在强烈的不稳定性和对高频噪声的放大效应，在实际处理中需要进行频率限制或者增益限制，而这两个限制反过来降低了 Q 补偿提高分辨率的能力。在基于波场延拓的常规反 Q 滤波算法分析的基础上，创新形成了基于整形规则化算法的反 Q 滤波方法，通过增益控制因子以及噪音压制窗函数因子来共同控制补偿频带的范围。该方法不仅能够实现反 Q 滤波的计算稳定，而且能有效地保持信噪比和有效地改善过补偿和补偿不足的问题。

　　（3）通过地震信号谐振理论的研究，创新形成了基于谐波的叠前叠后地震高低频同时拓展方法。该方法既能拓展高频，又能拓展低频。研发的基于谐波的高低频同时拓展方法模块既能在叠后地震数据上应用，又能在叠前地震数据上应用，而且处理运行效率较高。研究的方法技术在四扣、大王庄三维工区进行了应用，取得了明显效果，为今后小尺度地质目标拓频处理提供了借鉴，应用前景广阔。

致　谢

　　本书是在胜利油田分公司科技管理部、物探研究院各级领导和多位专家的大力支持下,由物探研究院"面向小尺度地质目标的地震拓频方法研究"项目组成员共同完成的。在研究期间,领导和专家组提出了许多建设性的意见和建议,在此一并表示诚挚的感谢!

参考文献

[1] 云美厚. 地震分辨率[J]. 勘探地球物理进展,2005,01:12-18.

[2] Rieker N. Wavelet contraction,wavelet expression,and the control of seismic resolution[J]. Geophysics,1953,18(6):769-792.

[3] Widess M A. How thin is a thin bed? [J]. Geophysics. 1973,38(8): 1176-1254.

[4] Sheriff R E. Limitations on resolution of seismic reflection and geologic detail derivable from them[J]. AAPG Memoir,1977,26:3-14.

[5] Denham L R,Sheriff R E,Lin Y. What is horizontal resolution? [J]. Aapg Bulletin American Association of Petroleum Geologists,1981,65 (5):917-917.

[6] Kallweit R S,Wood L C. The limits of resolution of sero-phase wavelets [J]. Geophysics,1982,47(7):1035-1046.

[7] Widess M B. Quantifying resolution power of seismic systems[J]. Geophysics,1982,47(8):1160-1173.

[8] Sheriff R E,Geldart L P. Exploration Seismology[M]. Cambridge:Cambridge University Press,1982:152-155.

[9] Beylkin R E,Oristaglio M,Miller D. Spatial resolution of migration algorithm[C]. Proceeding of 14th International Symposium on Acoustical Imaging,1985:155-167.

[10] Wu R S,Toksoz M N. Diffraction tomography and multisource hologra-

phy applied to seismic imaging[J]. Geophysies,1987,52(1):11-25.

[11] Safar M H. On the lateral resolution achieved by Kichhoff migration[J]. Geophysics,1987,52(1):11-25.

[12] Vermeer G J. Factors affecting spatial resolution[J]. The Leading Edge,1998,17(10):1025-1030.

[13] Knapp R W. Vertical resolution of thick beds,thin beds,and bed cyclothems[J]. Geophysics,1990,55(9):1183-1190.

[14] Seggerm D. Depth-imaging resolution of 3_D seismic recording patterns [J]. Geophysics,1994,59(5):564-576.

[15] Chen J,Schuster G T. Resolution limits of migrated images[J]. Geophysics,1999,64(8):1046-1053.

[16] Ma Zaitian,Jin Shengwen,Chen Jiubin,et al. Quantitative estimation of seismic imaging resolution[C],Expanded Abstract of 72th Annual Internet SEG Mtg,2002,2281-2284.

[17] 程玖兵,马在田王成礼.地震成像的广义空间分辨率[C].北京,CPS/SEG 国际地球物理会议,2004.

[18] 曹思远,袁殿.高分辨率地震资料处理技术综述[J].新疆石油地质, 2016,01:112-119.

[19] Toverud T,Ursin B. Comparison of seismic attenuation models using zero-offset vertical seismic profiling (VSP) data[J]. Geophysics,2005, 70(2):F17-F25.

[20] Hale D. Q-adaptive deconvolution[J]. Seg Technical Program Expanded Abstracts,1982,1(1):520.

[21] Bickel S H,Plane-wave Q deconvolution[J]. Geophysics,1985,50(9).

[22] Hargreaves N D. Inverse Q filtering by Fourier transform[J]. Geophysics,2012,56(4).

[23] 裴江云,何樵登.基于 Kjartansson 模型的反 Q 滤波[J].地球物理学进展,1994,9(1):90-99.

[24] Wang Y. A stable and efficient approach to inverse Q-filtering[J]. Geo-

physics,2002,67,657-663.

[25] 姚振兴,高星,李维新. 用于深度域地震剖面衰减与频散补偿的反 Q 滤波方法[J]. 地球物理学报,2003,46(2):229-233.

[26] Wang Y,Guo J. Modified Kolsky model for seismic attenuation and dispersion[J]. Journal of Geophysics & Engineering,2004,1(3):187-196.

[27] Wang Y. Inverse Q-filter for seismic resolution enhancement[J]. Geophysics,2006,71(3),V51-V60.

[28] Zhang C,Ulrych T J. Seismic absorption compensation:A least squares inverse scheme[J]. Geophysics,2007,72(6):109.

[29] Chen S Q,Wang Y H. Inverse Q Filtering in 3D P-P and P-SV Seismic Data-A Case Study from Sichuan Basin,China[C]. 70thEAGE Conference and Exhibition Expanded Abstract,2008.

[30] Li H Q,Zhao B,Tan B W. An application study of Q - absorption compensation[C]. Society of Exploration Geophysicists,2009.

[31] Raji W O,Rietbrock A. Enhanced seismic Q compensation[C]. Seg Technical Program Expanded Abstracts,2011.

[32] Wang W C,Li H Q,Lei N. A hybrid strategy for Q-compensation[C]. Seg Technical Program Expanded Abstracts,2011.

[33] Wang S D. Attenuation compensation method based on inversion[J]. Applied Geophysics,2011,8(2):150-157.

[34] Zhang G,Wang X,He Z. A stable and self-adaptive approach for inverse Q-filter[J]. Journal of Applied Geophysics,2015,116:236-246.

[35] 汪小将,陈宝书,曹思远. HHT 振幅频率恢复处理技术研究与应用[J]. 中国海上油气,2009,21(1):19-22.

[36] Smith M,Perry G,Stein J,et al. Extending seismic bandwidth using the continuous wavelet transform[J]. First Break,2008,26(6):97-102.

[37] 高静怀,汪玲玲,赵伟. 基于反射地震记录变子波模型提高地震记录分辨率[J]. 地球物理学报,2009,52(5):1289-1300.

[38] 尚新民,刁瑞,冯玉苹,等. 谱模拟方法在高分辨率地震资料处理中的应

用［J］. 物探与化探，2014，38（1）：75-80.

［39］ ZHOU H，WANG，WANG M，et al. Amplitude spectrum compensation and phase spectrum correction of seismic data based on the generalized S transform［J］. Applied Geophysics，2014，11（4）：468-478.

［40］ ZHANG J，ZHANG B，ZHANG Z，et al. Low-frequency data analysis and expansion［J］. Applied Geophysics，2015，12（2）：212-220.

［41］ Sergey F. Shaping regularization in geophysical estimation problems［J］. Geophysics，2007，72（2）：R29-R36.

［42］ Li G，Liu Y，Zheng H，et al. Absorption decomposition and compensation via a two-step scheme［J］. Geophysics，2015，80（6）：V145-V155.

［43］ Futterman W I，Dispersive body waves［J］. Journal of Geophysics Research. 1962，67：5279-5291.

［44］ 赵建勋，倪克森. 串联反 Q 滤波及其应用［J］. 石油地球物理勘探，1992，27（6）：722-730.

［45］ Zhang X，Han L，Zhang F，et al. An inverse Q-filter algorithm based on stable wavefield continuation［J］. Applied Geophysics，2007，4（4）：263-270.

［46］ Yan H，Liu Y. Estimation of Q and inverse Q filtering for prestack reflected PP-and converted PS-waves［J］. Applied Geophysics，2009，6（1）：59-69.

［47］ Innanen，K. A，and J. E. Lira，2010，Direct nonlinear Q compensation of seismic primaries reflecting from a stratified，two-parameter absorptive medium［J］. Geophysics，75，no. 2，V13.

［48］ 郝召兵，秦静欣，伍向阳. 地震波品质因子 Q 研究进展综述［J］. 地球物理学进展，2009，24（2）：375-381.

［49］ 余振，王彦春，何静，等. 反 Q 滤波方法研究综述［J］. 油气藏评价与开发，2009，32（5）：309-314.

［50］ ROBINSON E A，TREITEL S. Principles of digital wiener filtering［J］. Geophysical Prospecting，1967，15（3）：311-332.

[51] ULRYCH T J. Application of homomorphic deconvolution to seismology[J]. Geophysics,1971,36(4):650-660.

[52] WIGGINS R A. Minimum entropy deconvolution. Geoexploration[J]. 1978,16(1-2):21-35.

[53] KORMYLO J,XING W. Maximum-likelihood seismic deconvolution [J]. Oil Geophysical Exploration Translations,1981,1(6):22-26.

[54] HAYKIN S. Blind deconvolution[M]. New Jersey:Prentice Hall,1994.

[55] 章珂,李衍达,刘贵忠,等. 多分辨率地震信号反褶积[J]. 地球物理学报, 1999,42(4):529-535.

[56] MARGRAVE G F. Theory of nonstationary linear filtering in the Fourier domain with application to time variant filtering[J]. Geophysics, 1998,63(1):244-259.

[57] LI G,PENG G,YUE Y,et al. Signal-purity-spectrum based colored deconvolution[J]. Applied Geophysics,2012,9(3):333-340.

[58] LI F,WANG S,CHEN X,et al. Prestack nonstationary deconvolution based on variable-step sampling in the radial trace domain[J]. Applied Geophysics,2013,10(4):423-432.

[59] 姚振兴,高星,李维新. 用于深度域地震剖面衰减与频散补偿的反 Q 滤波方法[J]. 地球物理学报,2003,46(2):229-233.

[60] 刘财,刘洋,王典,等. 一种频域吸收衰减补偿方法[J]. 石油物探,2005, 44(2):116-118.

[61] Ralf F,Western G. A filter bank solution to absorption simulation and compensation[C]. Seg/Houston 2005 Annual Meeting.

[62] 王珺. 用稳定高效的反 Q 滤波技术提高地震资料分辨率[J]. 地球物理学进展,2008,23(2):456-463.

[63] Yan H Y,Liu Y. Estimation of Q and inverse Q filtering for prestack reflected PP-and converted PS-waves[J]. Applied Geophysics,2009,6(1): 59-69.

[64] Wang S D. Attenuation compensation method based on inversion[J].

Applied Geophysics,2011,8(2):150-157.

[65] 吴海波,金国平,陈树民,等.广义 S 变换地震资料拓频处理[C].//第二届中国石油地质年会——中国油气勘探潜力及可持续发展论文集,2006:4.

[66] 陈增保,陈小宏,李景叶,等.一种带限稳定的反 Q 滤波算法[J].石油地球物理勘探,2014,01:68-75+301-302.

[67] 黄捍东,冯娜,王彦超,等.广义 S 变换地震高分辨率处理方法研究[J].石油地球物理勘探,2014,01:82-88+302.

[68] 王本锋,陈小宏,李景叶,等.基于反演的稳定高效衰减补偿方法[J].地球物理学报,2014,04:1265-1274.

[69] 张固澜,贺振华,王熙明,等.地震波频散效应与反 Q 滤波相位补偿[J].地球物理学报,2014,05:1655-1663.

[70] 余振,王彦春,何静.一种稳定的 VSP 反 Q 滤波方法[J].地球物理学进展,2010,05:1676-1684.

[71] Zhang X,Han L,Zhang F,et al. An inverse Q Filter algorithm based on stable wavefield continuation[J]. Applied Geophysics,2007,04:263-270+317.

[72] Kjartansson E. Constant Q wave propagation and attenuation[J]. Journal of Geophysics Research. 1979,84:4737-4748.

[73] 陈文超,王伟,李瑞萍.连续小波域地震信号自适应频谱拓展方法[C].中国石油学会 2015 年物探技术研讨会论文集,2015:4.